黒柳正典

植物 奇跡の化学工場

光合成、菌との共生から
有毒物質まで

フジバカマをはじめとするキク科植物は、食害を避けるため有毒物質を生合成する。左写真のアサギマダラの雄は、これら植物の蜜を吸い、有毒物質を蓄えて捕食から逃れ、さらには性フェロモンに変換して繁殖にも利用する。

築地書館

アントシアニンを持つ花

花の色としてだけでなく、葉の紅葉の色や、ブルーベリーなどの熟した果実の色もアントシアニンによることが知られている。(P.128)

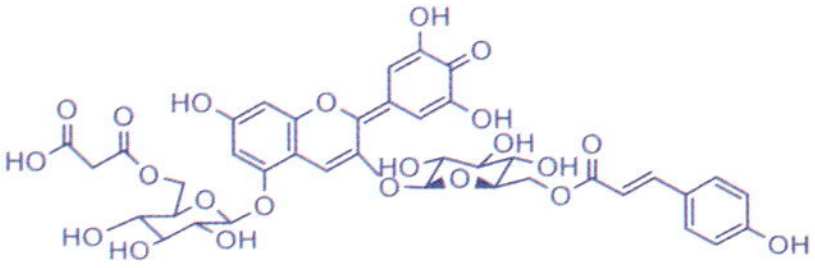

①ツユクサ。1900 年代後半に、日本の研究グループによって青い色コンメリニンが発見された。左はコンメリニンを構成するアントシアニンの構造。
②アジサイの青い色の発現には、土壌の酸性条件でより効率よく吸収されるアルミニウムイオンの関与が重要。
③アサガオ。液胞の pH を変化させることで花の色をコントロールしている。
④ヒマラヤのケシ、メコノプシス。アントシアニンにフラボノイドや金属が関与して、安定した青い色を作っている。

ベタレインを持つ花

ナデシコ目が持つベタレインは、分子の構造から、赤い色素ベタシアニン類と黄色い色素ベタキサンチン類に分けることができる。（P.136）

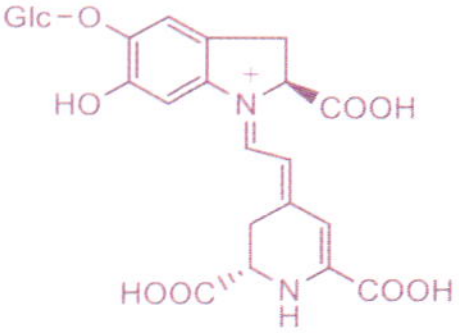

⑤ブーゲンビレアには赤、紫、ピンク、黄色等があるが、ベタレインの２つの色素の混じり具合でいろいろな色を可能にしている。右はベタシアニン類の構造。
⑥⑦オシロイバナ。果実に白い粉状の胚乳が詰まっているのでオシロイバナ（白粉花）と名付けられた。夕方から咲くことからユウゲショウ（夕化粧）ともいう。赤い花が一般的であるが、黄色や白もある。
⑧ケイトウ。花の形がニワトリの鶏冠に似ているためケイトウ（鶏頭）と名付けられた。花は赤が一般的であるが、しばしば黄色、ピンク色のものなどもある。

有毒植物の花 (P.156)

⑨インド原産のキョウチクトウ。これに含まれるオレアンドリンは、体内に取り込むと心臓の働きを異常に高進させ、時には死をもたらす。
⑩トリカブトが持つアコニチンは生理活性が強いため、強力な毒性を持つが、医薬品としても用いられている。
⑪スイセン。ヒガンバナと同じ有毒アルカロイドを含有している。葉の部分や球根をニラやタマネギと間違えて食べて中毒を起こす事故が多い。
⑫ヒガンバナ。鱗茎を十分に水でさらしてアルカロイドを除けばデンプンが取れるため、昔は救荒植物として田んぼのあぜに植えられていた。
⑬アセビ。その葉をウマが食べると中毒症状を呈して酩酊したような状態になり、フラフラするということから、「馬酔木」と書く。

はじめに

植物は多彩な二次代謝産物（天然有機化合物）を生合成し蓄積しており、その人間に対する有用性が注目されてきた。しかし、植物にとっての二次代謝産物の存在意義についてはあまり議論されてこなかった。近年、植物の成長と繁殖のための生命活動を巧みにコントロールしている二次代謝産物の役割が明らかになってきており、植物による化学戦略が解明されつつある。

大学の薬学部や農学部、理学部、工学部には天然物化学という研究領域がある。天然物化学という言葉は、何となくわかるようでよくわからない言葉かもしれない。この領域の研究では植物、微生物、海洋生物などから生理活性物質や生物の興味深い現象に関連した物質を探索・研究すること、また新しい天然有機化合物を分離しその化学構造を決定し、医薬品や有用物質等の開発につなげる研究を行っている。特に、植物には多彩な有機化合物が数多く含まれているため、薬用植物をはじめとして植物の成分に関する研究が広く行われ、植物起源の多くの医薬品も開発されている。

いろいろな植物材料から生理活性物質の分離と化学構造の決定を行っていくと、植物からは多彩な化学構造を持つ天然有機化合物（二次代謝産物）が分離されてくることを経験する。この分野の研究報告やデータベースを調べても、植物が天然有機化合物の宝庫であることを実感させられる。植物からは5万種以上の天然有機化合物が見つかっており、未確認のものを含めればこの数倍は存在すると考えられている。

でもなぜ、特に植物はこんなに多様な有機化合物を生合成して蓄積しているのだろうか、植物にとってどんな意味があるのだろうかとの疑問が当然湧いてくる。筆者が若かりし頃、高名な天然物化学の研究者に疑問をぶつけても、〝サー、よくわからないね、何か意味があるのだろうね〟程度の答えしか返ってこなかった。当時は、天然有機化合物は、それを生合成している生物にとって何かの役に立っているのだろうねとか、単なる老廃物なんじゃないか程度の認識しかなかった。

しかし、一つの成分を生合成するにも、場合によっては十数段階の反応を経なければならず、そのためには十数種類もの酵素が関与することになり、成分の生合成には大変なエネルギーが必要となる。最近になり、天然有機化合物がいろいろな場面で、植物の成長や生存に絡んでいる例が報告されるようになった。考えてみると、大変なエネルギーと複雑な生合成過程を経て作られた天然有機化合物が植物にとって何も意味がないはずがないというのが当然で、植物の生存のための化学戦略が見えてくる。

冬が終わり、春になれば、途端に大地は活動を始め、草や木が芽を吹きだす。そして、コブシ、モクレン、ユキヤナギが咲き乱れ、サクラの便りもやってきて人々はお花見を楽しむことになる。そうこうするうちにフジやツツジの季節がやってくる。梅雨を迎え、アジサイの季節には若葉が香り、田植えの季節も終われば緑の水田が広がる景色を見ることができる。

夏になれば野山は緑であふれ返り、田んぼは緑のイネでしきつめられ、公園や道路沿いにはキョウチクトウの花が咲き誇り、ヒマワリ畑を訪れることが楽しみな夏が過ぎると、ナシやブドウなどの果物が出回る。秋になればハギやコスモスが咲き誇り、イネは豊かに実り、重そうな稲穂が垂れ下がり収穫の季節を迎える。やがてカキの実が熟し始め実りの秋の到来を実感し、晩秋になるとカエデやイチョウが色づき人々は紅葉を楽しめる。このような植物が主役の季節の変化は、人々の日々の生活に潤いを与えてくれる。

植物が地球上のあらゆるところで繁殖し、花を咲かせ、果実を実らせているのは、何も人々の目を楽しませるため、人々の役に立つためにやっているのではなく、ただ単に植物自身の繁栄と子孫を残すための生物本来の役目を全うしているのである。穏やかに見える植物の生活においても、生きていくために大変なことがあるはずである。本書では、そのような植物たちの繁殖・生存戦略を、彼らが作り出す天然有機化合物を中心に紹介する。

植物は大地に根を下ろし生きていく道を選んだ。動物のように、食料を探し求めて移動することができない植物は、生きていくための糧《かて》を自ら作り出す光合成という手段を持っている。光合成により、自らの糧を作り出すだけでなく、地球生命の維持のための炭素（エネルギー）循環を駆動し、必要なエネルギーを供給する役割を担っている。植物の光合成で我々地球の生物は生かされているのだ。光合成こそ植物にとって最大の化学戦略であることを、第1章で述べる。

動くことができない植物は、雨風、乾燥、低温、高温等の環境の変化にさらされ、昆虫、鳥や動物による食害、微生物やウイルスによる感染に常にさらされ、さらには植物同士での繁殖地の争奪戦にも関わらなければならない運命にある。しかし、植物は移動しストレスから逃げることはできない。そのため、障害や外敵に負けないで生き抜くいろいろな方法を編み出さなくてはならない。そんな植物は、多彩な二次代謝産物を生合成して用いる化学戦略という、植物特有の方法を編み出し進化させている。植物の化学戦略の主役でもある二次代謝産物とはどんなものかを第2章で詳しく述べる。

植物は、季節という時間の移り変わりに従って、決まった時期に発芽し、大きくなり、葉を茂らせ、花を咲かせ、そして果実を実らせ子孫を残す。このように季節変化に応答し、決まったサイクルで生活を続ける植物には、動物やヒトと異なる生命維持のメカニズムがあり、その中心を担うのが植物ホルモンという植物独特の生理システムであることが明らかになっている。動物のホルモンのシステムとはまったく異なる植物ホルモンは、比較的単純な化合物が、複雑な生命現象を見事にコントロールしている。この完璧な働きには驚かされる。植物ホルモンによる巧みな化学戦略を第3章で述べる。

一見受け身な感じのする植物だが、植物同士でも繁殖場所の争奪戦のため化学物質を用いて競争相手を排除している。また、昆虫や動物による食害から逃れるため、忌避物質や摂食阻害物質、有毒物質を使って食害を防いでいる。病原菌に対抗するため、状況に応じて、抗菌物質の生合成を行い病原菌による感染を防いでいる。ここでも植物の巧みな化学戦略が見られる。

一方、植物は他の生物といつも敵対して対抗しているだけでなく、他の昆虫や微生物とやり取りすることで、お互いにとってメリットのある関係を構築して助け合って生きていく方法も編み出している。そこでも、植物が生合成した成分がシグナル物質として働いており、化学戦略が見られる。植物が他者との戦いや共生にどのような化学戦略を編み出しているかを第4章で述べる。

現在、地球上の植物の中では被子植物が最も繁栄しているが、子孫を残すため効率的な生殖を行う必要がある。特に花粉の放散を昆虫などに依存して行う虫媒花では、花の色、形、さらには蜜や香りなどで昆虫を引き寄せることで効率的な生殖を図っている。そこでは、色素や香り、甘味物質など植物成分が関わっており、ここでも化学戦略が行われている。植物にとって重要な繁殖戦略である花の色や香りについて第5章で述べる。

一般的な化学成分に比べ植物成分は有毒なものが少ないといわれているが、植物は、外敵から身を守るため有毒物質を蓄積しているものも少なくない。有毒植物の誤食による食中毒がしばしば社会問題となっている。また、山菜として食べる植物の中には発がん性を示すものもある。身近な有毒植物について第6章で、発がん物質を含む植物については第7章で述べる。

植物は動くことを放棄し、地に根を張り生きていく道を選んだため、能動的には動かないものと考えられている。実際、動く植物を見ることはほとんどないが、オジギソウやハエトリソウなど一部の部位が動く現象を目にすることがある。このような動きがどのようにして行われるのか、またそこで働く化学物質について第8章で述べる。

加えて、植物の化学戦略に関連した興味ある事象についてコラムで述べた。また、難解と思われる生物学・化学用語は巻末で解説をつけたので、参考にしていただきたい。

このように植物は、化学戦略をフル活動させることで、厳しい生存競争を克服し地球上で繁栄を遂げているのである。こんな植物の生きんがための化学戦略に関し、最近までに明らかになっていることをできるだけ平易に記述したつもりである。化学式には苦手意識を持つ方が多々おられるものと思うが、本書の内容は「化学戦略」ということで記述せざるを得ない面がある。化学式が苦手な方は、何となく一瞥して素通りしていただければと思う。

目次

はじめに　1

第1章　生命を支える光合成　12

生物進化と植物の誕生…12
ミトコンドリアの共生は細胞の多細胞化を可能にした…14
光合成――化学的に困難な反応を可能に…16
光合成の仕組み…25
明反応と暗反応…26
地球の炭素循環は植物が駆動する…29
■コラム1　地球生命はすべて同じ祖先から…19
■コラム2　共生による進化の加速…21
■コラム3　植物の光情報受容体…32

第2章　二次代謝産物――化学戦略の主役　35

一次代謝と二次代謝…35
二次代謝産物…37
テルペノイド――花の香りからフィトンチッドまで…38／ポリケタイド――脂肪酸も仲間…42／フェニルプロパノイド――C_6-C_3 の炭素骨格を持つ…44／フラボノイド――生活習慣病予防への期待…46／アルカロイド――合成医薬品の開発に貢献…48／複合経路――多彩な天然物を演出…50
■コラム４　配糖体…52
■コラム５　ホルミル基を持つ化合物の不思議…55
■コラム６　有機化合物の三次元構造…58

第3章　発生、分化、成長と植物ホルモン　62

植物ホルモンの役割…62
オーキシン――ダーウィンから始まった研究…64／サイトカイニン――植物の老化を防止する…68／エチレン――野菜・果実の鮮度を操る…71／ジベレリン――日本人科学者が解明に貢献…74／アブシジン酸――種子や芽の休眠、乾燥障害防御に働く…78／ブラシノステロイド――細胞伸長や維管束形成作用…81／ジャスモン酸――ジャスミンの香気物質が生体防御に働く…83／ストリゴラクトン――菌根菌との共生を誘導…86

■コラム7　植物細胞と動物細胞…89

第4章　戦いと共生　93

対植物・対昆虫の戦い…94
他感作用──アレロパシー…94／ファイトアレキシン──病害防除に働く抗菌物質…99
昆虫・微生物の利用と共生…113
植物が害虫の天敵を呼ぶ…113／マメ科植物と根粒バクテリア…116／植物と菌根菌との共生…120／植物間のコミュニケーション…124
■コラム8　昆虫の食草…109

第5章　繁殖戦略──鮮やかな色と甘い蜜　126

花と果実の色…126
アントシアニン──鮮やかな花の色を演出…127／カロテノイド──トマトの赤色、イチョウの黄色…134／ベタレイン──ナデシコ目の一部の科に特異的な色素…136／フラボノイド──抗酸化活性を持つ黄色い色素…139／その他の色素…140
紫外線ストレスと植物色素…141
虫を呼ぶ花や果実の香気成分…143
植物起源の甘味成分…145

■コラム9　ヒトが光を感じる仕組み…149
■コラム10　有害紫外線…153

第6章　食害を防ぐ有毒物質　156

トリカブト――毒と薬は表裏一体…156／ドクウツギ――甘い果実は誤食に注意…158／ドクゼリ――セリとの違いは根の形…160／ヒガンバナ――赤い花は秋の風物詩…161／スイセン――誤食例の多い園芸植物…162／ステロイドアルカロイド――ジャガイモの芽や青くなった皮には注意…164／クラーレ――南米原住民が狩猟に用いた…165／ハシリドコロ――サリン事件で治療に貢献…166／シアン配糖体――バラ科植物の種子にご用心…168／強心配糖体――世界で知られるキョウチクトウの毒性…169／トウゴマ――最強の有毒タンパク質…172／ツツジの仲間――美しい花を咲かせる有毒植物…173／大麻――幻覚作用が社会問題に…175／イラクサ――触れると痛みやかゆみを引き起こす…177／サトイモ科――身近な食品のエグミの原因、シュウ酸カルシウム…178

第7章　発がん物質　180

発がんプロモーター…181／ワラビ――灰汁抜きでなくなる発がん性…182／ソテツ――沖縄などでは救荒植物に…184／ピロリチジンアルカロイド――肝硬変やがんの原因…186
■コラム11　アサギマダラ――２０００㎞を渡り、有毒物質を摂取するチョウ…188

第8章　植物が動くメカニズム　191

オジギソウの急激な動き…191／就眠運動——ゆっくりとした動き…194

あとがき　197
用語解説　201
参考文献　207
索引　214

第1章

生命を支える光合成

生物進化と植物の誕生

光合成能力を獲得した植物は無機物から有機物を造ることができる独立栄養生物になり、大地に根を張って生きることを選択した。この光合成こそ植物の化学戦略の中で最も大きな出来事であり、またそのおかげで生きていくことができる地球生命全体にとっても大きな出来事と考えられる。地球の生命の歴史において、植物が動物や微生物とどのように異なる進化の道を歩んできたのか、地球上の生物の中での植物の位置づけについてまず考えることが必要である。

地球の生命はどこでどのように誕生したのだろうか。これは、我々人間の存在を含めて今なお最も興味ある謎の一つである。生命の起源に関しては、3つの考えがある。

第一は、超自然現象として説明するもの、たとえば神の行為と考えるもので、まさにアダムとイブの誕生ということになる。

第二は、地球上における化学進化で生命のもとになるアミノ酸や核酸などが生じ、これらが重合することで複雑な分子へと変化し、それらが凝集し、そこから生命が誕生したと考えるものである。

第三は、地球外に起源を求める考えで、パンスペルミア説といわれるものである。これは、最初の生命は地球以外の宇宙で誕生し、地球にやってきて進化したという説で、「生命の起源問題を単に棚上げしたものである」との批判もある。しかし、地球外生命の存在の可能性などのニュースと絡め、宇宙科学者を中心にこの考え方が目立つようになっている。

最近、海底深くの熱水噴出孔（ブラックスモーカー）周辺にチューブワーム、貝、エビ、カニなどが生息していることが明らかになり、地球での生命誕生の候補地としても注目され、第二の説の妥当性を支持する発見との考えもある。

いずれにしても、非生命からいかにして生命が生まれたのかに関する解答はない。最初の原始的な生命体から高等な生命体への進化に関しては、生命が地球で生まれたのか、地球外で生まれたのかにかかわらず、大変興味深い問題である。今のところ、地球以外での生命の存在の可能性を伝える科学的な発見はあるが、証明はされていない。

一方、地球では生命が満ちあふれ繁栄している。生物の進化については、大筋では考え方が示されているが、生命誕生の瞬間についてはほとんど何もわかっていないのが現状である。ただ、気の遠くなるような時間が、化学進化から生物進化への道を切り開いたのではないだろうか。

生物の進化について、大筋は次のように考えられている。138億年前のインフレーションとそれに続くビッグバンにより宇宙が誕生し、46億年前に太陽系および地球が誕生した。それから約8億年を経過した、約38億年前には地球上に原始的な生命が誕生したと考えられている。この最初の原始生命体は、現在の細菌に相当する原核細胞へと進化した。その頃の地球には窒素、水や二酸化炭素が高密度に存在していたが、酸素は存在していなかったと考えられている。

27億年前頃、太陽の光を利用し水と二酸化炭素を用い光合成を行うシアノバクテリアという光合成細菌が原核細胞から進化し、爆発的に繁殖し繁栄した。その結果、太陽エネルギーを利用し、水から電子を取り出し酸素を放出し、二酸化炭素を還元して有機化合物に変えることが盛んに行われた。シアノバクテリアが大繁殖し光合成を盛んに行うことで、大気中に酸素が現れ増えていった。この結果、酸素を利用し呼吸を行うことで効率的に化学エネルギーを作ることのできる代謝機能を持った、ミトコンドリアのもとになる好気性細菌が誕生した。

ミトコンドリアの共生は細胞の多細胞化を可能にした

一方、原核細胞は遺伝子が膜組織で包まれた核という細胞内小器管を持った、より高等な真核細胞へと進化した。そして真核細胞にミトコンドリアが共生し、動物のもとになる細胞が誕生した。ミトコンドリアは酸素を利用し、有機化合物から効率的にエネルギーを作り出すことができる。この共生によって動物細胞は多細胞生物への進化が可能となり神経器官、消化吸収器官、循環器官、運動器官などを持つ動物へと進化することになった。

ミトコンドリアの共生した真核細胞に、さらにシアノバクテリアが共生した生物が誕生した。このことにより、太陽エネルギーを利用し、二酸化炭素と水を原料として有機化合物を作り出すことができる独立栄養生物である植物細胞が誕生し、さらに多細胞生物へと進化することにより植物が誕生したと考えられている。光合成独立栄養生物である植物は、動く必要がなく無駄なエネルギー消費をしないために、最終的には大地に根を張り生きていく今の形態に行きついたのだろう。

当時の地球表面には太陽の光に含まれる有害な紫外線が容赦なく降り注ぎ、地上は生物が生きていける環境ではないため、生物は水の中、海で生活し進化していった。海の中では節足動物、魚類、藻類などが繁栄していた。その後、酸素の一部がオゾンに変わり、地球の周りにはオゾン層が形成され有害な紫外線が地表に届かなくなるとともに、地球大気の酸素濃度も適当に抑えられ安定した状態を維持できるようになり、今の地球のような大気組成になってきたと考えられている。

海の中で生活し、進化し繁栄していた生物が、穏やかな環境に変化した地上へ進出することは必然の成り行きであった。最初に陸に進出した生物は植物と考えられており、藻類から進化したコケの仲間で、4億7000万年前頃と考えられている。何度かの生物大絶滅という困難にもかかわらず植物は進化と繁栄を続け、維管束を持つシダ植物、裸子植物が登場する。そして1億7000万年前頃に被子植物が誕生し、やがて高等植物へと進化した。現在では、被子植物が繁栄しその数は23万種以上といわれている。

動物は、植物に約1億年遅れて地上に進出した。2億年前から6500万年前の間は、かの有名な恐竜時代が続いた。同じ頃、植物は、コケやシダ植物、裸子植物が繁栄していて、やがて被子植物が誕生し、動物では哺乳類が誕生したが、圧倒的な恐竜の繁栄の陰でひそやかに生きていた。しかし6500万年前、メキシコのユカタン半島に直径10㎞以上といわれる巨大な小惑星が衝突し、恐竜をはじめ多くの生物が大量絶滅したと考えられている。大量絶滅の後、わずかに生き残った生物に進化と繁栄をもたらすニッチ（生態的地位）が与えられ、哺乳類、爬《は》虫《ちゅう》類、鳥類、魚類、昆虫や微生物、そして人類の誕生および被子植物を中心とする植物の繁栄など、現在の地球の豊かな生態系が誕生した。

光合成——化学的に困難な反応を可能に

半永久的（あと50億年は光り続ける）に降り注ぐ太陽の光を利用して、二酸化炭素と水からグルコース（ブドウ糖）を供給してくれる植物による光合成は、地球生命の生存を担っている。光合成を人工的にできれば、人類をはじめとする地球の生命にとって大きな恩恵が与えられる。そのため、昔から多くの科学者が人工光合成に挑戦したが、未だに実現されていない。

水と二酸化炭素と光で有機化合物を作るということは、人工的には非常に困難なことである。しか

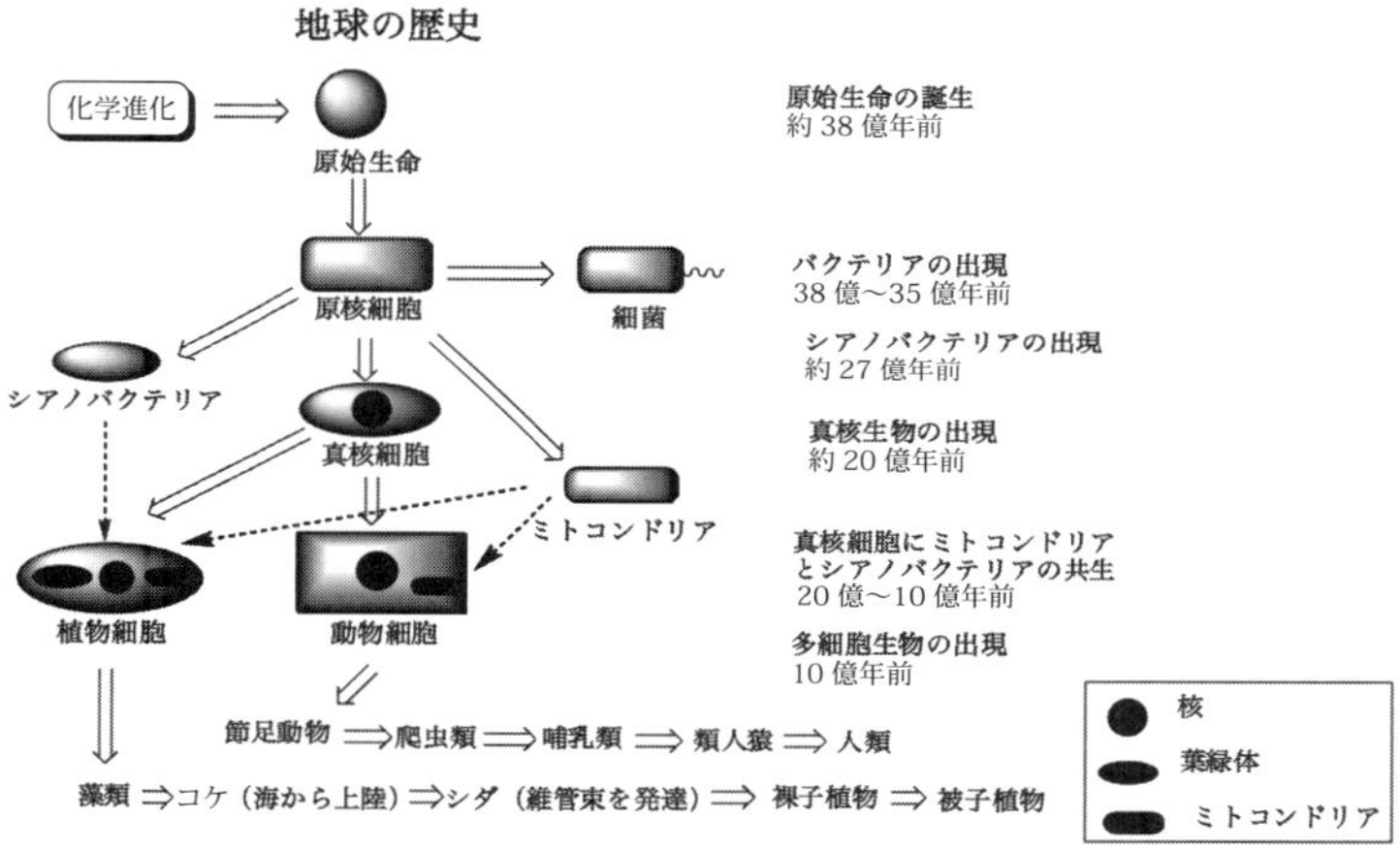

図１－１　化学進化に続き原始生命が誕生し真核細胞に進化し、ミトコンドリアの共生で動物細胞が、さらにシアノバクテリアが共生することで植物細胞が誕生した。動物細胞、植物細胞はともに多細胞生物に進化し、原始生命の誕生から 38 億年の時を経て現在の地球の生命圏が誕生した。

し植物は進化の過程で構築した複雑なシステムを用いていとも簡単に光合成をやってのけ、二酸化炭素と水からグルコースを合成し、酸素を放出し地球の生命を支えている。光合成システムの構築は、植物の最大の化学戦略であると考えることができる。

いずれにしても、**図１－１**に示すように、真核細胞にミトコンドリアが共生し代謝能力が格段に強化されたことで、多細胞生物への進化の糸口が誕生した。さらに、シアノバクテリアが共生することにより光合成独立栄養生物である植物が誕生したことは、地球の生命史にとって最も画期的なターニングポイントであったと考えられる。

もしも、独立栄養能を持つ植物が地球に生まれなかったら、地球上のほとんどの生物はお互いを食い尽くし、特殊な微生物以外のすべての生物が地球上から消滅することになっていただろう。地球は、植物もない、昆虫も、鳥も、魚も、動物もいない、硫黄化合物や鉄などの無機物をエネルギー源とする化学独立栄養生物である特殊な微生物が住むだけの貧弱な生命圏になってしまっていただろう。太陽の寿命は残り50億年といわれている。植物は、無尽蔵の太陽エネルギーを利用した光合成という独立栄養能を用いて半永久的に生き延びることができる。地球に思いがけない破壊的な事変が起こらない限りは。

植物は、効率的に光合成を行うため日光を効率的に受ける必要があり、葉は面積を広くするために大抵広がった扁平な形をしている。葉は、水蒸気の蒸発による水の損失を防ぐため、その表面はクチクラ層で覆われているが、そのため、光合成に必要な二酸化炭素を吸収できなくなる。そこで、葉の裏には気孔という器管が発達し、二酸化炭素の吸収を行っている。気孔を開くと一部の水が失われることになるので、適宜、気孔の開閉をコントロールして水の蒸発を防いでいる。

水や一部の栄養素は根から吸収される仕組みを作り上げている。また、根から水などを運ぶ導管や光合成した栄養成分を植物の各部分に運ぶ師管等の維管束系を構築することで、その体を大きくすることができた。このように、植物は生きるためにさまざまな物理的な形態形成戦略を行ってきた。しかしこれだけでは不十分で、これに加えて化学戦略をさらに発展させる必要があったのだ。

コラム１　地球生命はすべて同じ祖先から

地球上には、菌類、植物、動物と多種多彩な生物が生活しており、お互いにまったく違う姿形をし、まったく異なる生活パターンを持っている。どう見てもお互いが進化的につながりがあるとは思えない。しかし、これらお互いに縁もゆかりもないように見える地球上の生物は、その生命を維持していくための一次代謝に関して基本的に同じであることが明らかになっている。

生命維持の基本部分である、タンパク質の構成単位であるアミノ酸が同じ20種類のアミノ酸ですべてＬ－アミノ酸であること、遺伝やタンパク質の生合成に関わるＤＮＡの構成糖がＤ－デオキシリボース、ＲＮＡの構成糖がＤ－リボースであること、複製や転写、翻訳という生命の重要な機構がすべての生物で共通であることは驚くべき事実である。

お互いがまったく異なる生命として誕生したとする場合には考えられないほどの共通性がある。このことから、地球上の生命は、高等生物から微生物まで、38億年の時間を遡っていけば同じ祖先の原始的な生命に行きつくのが妥当と考えられている。我々人類の進化を遡れば、７００万年前にはチンパンジーなどと同じ類人猿を祖先としていることになり、さらに数億年前には、大型爬虫類が闊歩していた時代に、暗い穴倉で生活していた弱々しい哺乳類に行きつく。さらに遡れば、ようやく海から地上に進出した小さな動物に、やがてはミトコンドリアが真核細胞に共生した動物細胞に行きつく。

一方植物は、シアノバクテリアとミトコンドリアが真核細胞に共生した植物細胞に行きつく。動物細胞と植物細胞は同じ真核細胞、さらに原核細胞にたどりつく。この原核細胞から現在の細菌類が進化してきたと考えられている。このように、ヒトを含めた動物と植物、さらには微生物も含め、38億年前の生命誕生のときの祖先に行きつくことになる。このときの基本的な生命の営み、代謝系をお互いに維持して進化してきたため、ヒトを含めた動物も、植物も、微生物も同じＤＮＡ、ＲＮＡそしてＬ－アミノ酸から作られたタンパク質を用いて生命の営みを行っており、遺伝情報をタンパク質に伝える機構や、アミノ酸に対応するコドンといわれる記号も共通していて、生命活動の基本部分はまったく同じである。

以上のように生命の基本に関連した糖やアミノ酸が、２つの可能性のある鏡像異性体（エナンチオマー、58ページ参照）の一方のみが用いられ、その例外のないことも地球上の生命が同じ祖先から派生してきたことを示している。このように地球上のすべての生物が、生命維持に関係するエナンチオマーの一方のみを共通して用いていることを、地球生命のホモキラリティーという。

コラム２　共生による進化の加速

原核細胞が繁栄していた時代は、地球上には酸素が存在しないため、嫌気的な代謝が行われていたが、シアノバクテリアの誕生と大繁殖で大気中に酸素が存在するようになると酸素を用いて効率的にエネルギーを作り出すことのできるミトコンドリアが誕生し、真核細胞に共生することになった。ミトコンドリアの共生した真核細胞は、クエン酸回路（ＴＣＡ回路）という代謝系を経由して酸化的リン酸化の経路を利用し、有機物質からアデノシン三リン酸（ＡＴＰ）として効率的に化学エネルギーを取り出す術《すべ》を獲得することになった。

酸素を用いる好気的呼吸は、嫌気的呼吸に比べて19倍の効率でエネルギーを生み出すことができる。嫌気的条件ではグルコース１分子からＡＴＰを２分子しか生産できないが、酸化的リン酸化経由で、ＡＴＰを38分子生産することが可能となった。ミトコンドリアの共生により細胞は活発な生命活動が可能となり、多細胞生物への進化が可能となり、現在の動物や植物の誕生につながることになった。真核細胞へのミトコンドリアの共生は、地球生命にとって一大イベントであった。

一方、シアノバクテリアは、ふんだんに降り注ぐ太陽の光を利用して、大気中に存在する二酸化炭素と無尽蔵に存在する水を原料として有機化合物を合成する光合成というシステムを発展させた微生物である。この仲間が大量に繁殖することで、地球の高濃度の二酸化炭素が消費され、酸素が新たに発生して、今の地球の大気の状態を作り出すことに大きく貢献したと考えられている。

シアノバクテリアの誕生は地球生命にとっては画期的な出来事である。その後の、シアノバクテリアの共生による植物の誕生も地球生命にとって一大イベントであった。この共生がなければ今のような緑あふれる自然豊かな地球は誕生しなかったし、我々動物も存在できない荒涼とした惑星になっていたと考えられる。

光合成をする動物

シアノバクテリアの共生により植物が誕生した際のモデルケースのような、興味ある生物が現在も見られる。日本の科学者が発見し、その行動に驚き命名されたハテナという生物は、単細胞の鞭毛虫で体内に藻類を共生させることで植物のように光合成を行い生きている動物である。ハテナは細胞分裂で2つの細胞に分かれた際、1つは藻類を細胞内に持ったままの娘細胞に、もう1つは藻類を持たない娘細胞になる。

藻類を持つ娘細胞は親細胞と同じように光合成を行い植物のように生きていくことができるが、藻類を持たない娘細胞は無色の鞭毛虫になり生きていけない。そこで捕食装置を形成して共生藻類を体内に取り込み共生させ、光合成を行うことのできる栄養細胞に戻ると考えられている。このような生活サイクルを行うことで、あたかも植物のように光合成を行って生きている。

多細胞の動物でありながら光合成で生きているものとして、サンゴやイソギンチャクが藻類を体内に住まわせ、光合成させ栄養を作らせて生きている例はよく知られている。特に面白いのは光合成するウミウシである。ウミウシ自身は殻を失った貝の仲間と考えられている動物であるが、その中でも嚢舌目《のうぜつもく》のウミウシが有名である。特にエリシア・クロロティカ（*Elysia chlorotica*）という北アメリカの東海岸に住むウミウシで多くの研究が行われ、興味ある事実がわかっている。

このウミウシは、誕生したばかりの幼生は光合成能力を持っていないが、海藻類に穴を開け、葉緑体や栄養などを吸収した際に葉緑体は消化しないで体内に溜め込み、これを用いて光合成を行い生きていくことができる。通常、葉緑体を正常に働かせるためには多くの遺伝子が必要で、葉緑体を取り込んだだけでは光合成は困難だが、このウミウシは体内の葉緑体を正常に働かせ、光合成を行うことができる。葉緑体だけでなく関連遺伝子も何らかの方法で手に入れているようである。

最近では、生物の進化へのウイルスの関与が報告されている。長い時間を必要としたとしても、下等な生物から高等な植物や動物への進化は目を見張るものがあり、その過程ではウイルスの大きな働きがあったとする研究者が多い。ヒトのＤＮＡの配列中には、ウイルス起源と考えられる配列が数多く存在し、ヒトとウイルスの間に多くの共通配列が認められていることから、ヒトとウイルスの間でＤＮＡのやり取りのあったことがうかがえる。その結果、生物にいろいろな遺伝子が入り込み、進化に弾みをつけていると考えられるのである。

このように、ウイルスや動く遺伝子として知られるトランスポゾンのような遺伝子が挿入されることがなければ、今のような地球上の生物の進化はなかったであろう。エイズウイルス、インフルエンザウイルス、エボラ出血熱ウイルスなどは人類にとって脅威であるが、これらも人類の進化に何らかの影響を与えているかもしれない。

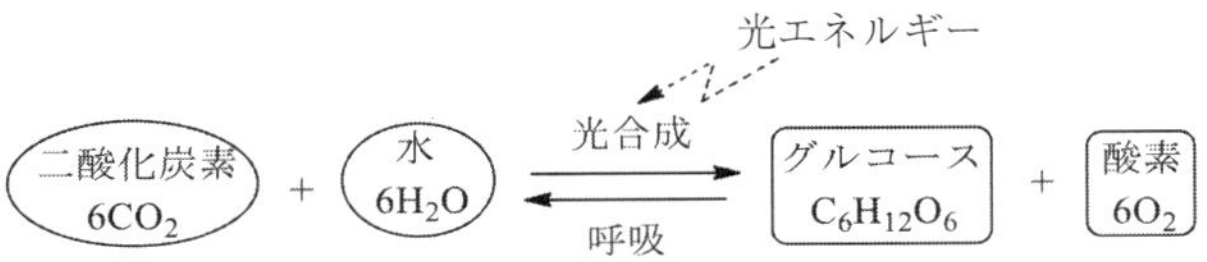

図１－２　光合成では、二酸化炭素と水を原料とし、太陽の光エネルギーを用いてグルコースが生産され、副産物として酸素が生成する。グルコースなどの有機化合物が、酸素を用いた生物の呼吸により酸化され、二酸化炭素と水になる。

光合成の仕組み

光合成能力を獲得した植物は、二酸化炭素（CO_2）と水（H_2O）を材料にし、太陽の光エネルギーを用いてグルコース（$C_6H_{12}O_6$）を合成することができる。地球上の植物は1年間に１００億トン以上の無機の炭素を糖に変換し、地球上に生活する生物のエネルギー源を供給しているといわれている。

多数のステップを経て行われる光合成を一つの化学反応式で**図１－２**のように表すことができる。

この反応式の左から右への反応が光合成で、右から左の反応が生物による呼吸であり、お互いが逆反応であることがわかる。つまり、ここではエネルギー源としては、太陽の光エネルギーのみが用いられて光合成が行われ、二酸化炭素と水から有機化合物（グルコースおよび、グルコースから誘導された多彩な有機化合物）が合成される。そして合成された有機化合物は呼吸により消費され、酸化反応で二酸化炭素と水に変換される。このときに生じた化学エネルギーで生物は生命活動を行っている。

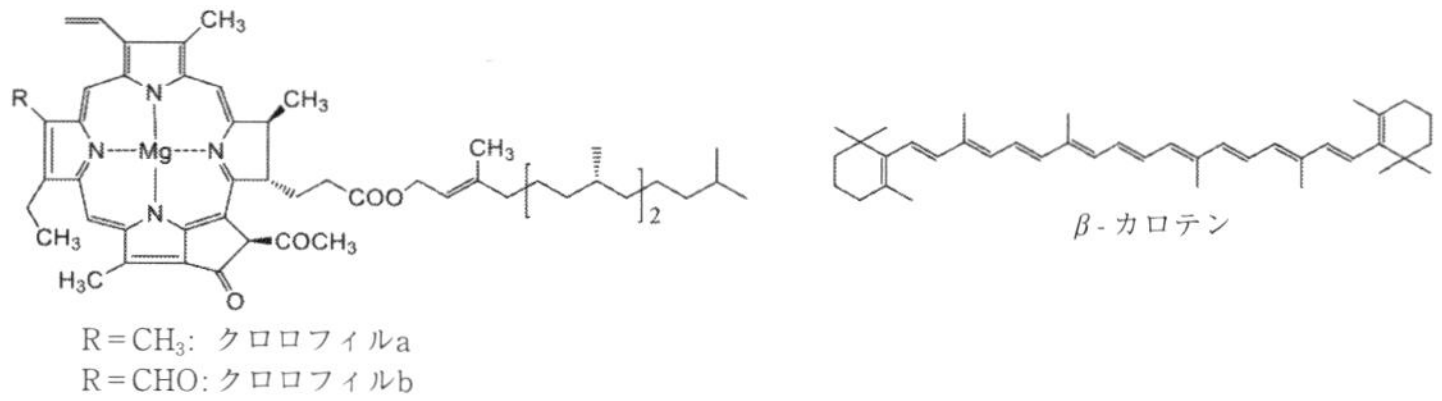

図1－3　クロロフィルは太陽光エネルギーを吸収し光合成を駆動している。β-カロテンなどのカロテノイドも太陽エネルギーを吸収し光合成をサポートしている。

この右から左への呼吸（酸化）反応は高い発熱反応であり、逆反応は反応障壁があまりにも高く一段階で行うのは化学的には不可能で、人工光合成は成功していない。植物はこの困難な反応を行うことができるが、そのために多くの工夫が行われている。

光合成は明反応と暗反応の2つの反応系が連動して働くことで行われる。最初のステップの明反応で働く光エネルギーの受容体がクロロフィルである。高等植物はクロロフィルaとbが、藻類や藍藻では側鎖に結合する部分構造が少し異なったクロロフィルが働いている。クロロフィルはポルフィリンの窒素にマグネシウムが結合した特徴的な構造を持っている（**図1-3**）。また、β-カロテンなどのカロテノイドも補助色素として働いてクロロフィルの働きを助けている。

明反応と暗反応

光合成において光エネルギーを化学エネルギーに変換する過程は単純な反応ではなく、**図1-4**に示すように、明反応と暗反応といわれる2つの反応系が連続して行われ達成される。明反応、暗反応自身も

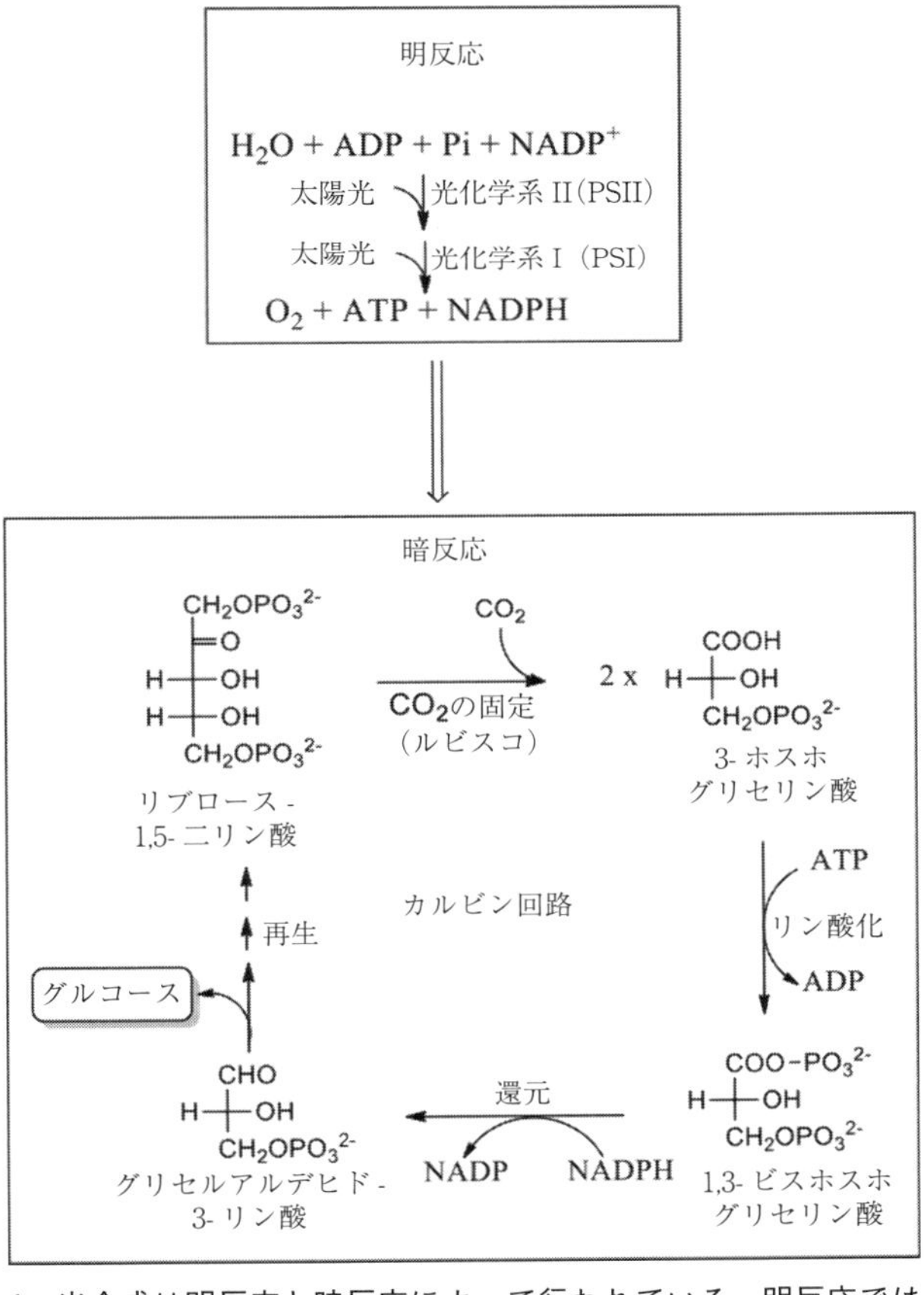

図1－4　光合成は明反応と暗反応によって行われている。明反応ではクロロフィルで吸収された光エネルギーが化学エネルギーに変換され、ATP と NADPH が得られる。暗反応では ATP と NADPH の高い化学エネルギーを用いて、カルビン回路により二酸化炭素からグルコースが合成される。

複数の複雑な反応で構成されている。

光が関与する明反応は葉緑体のチラコイド膜中で行われている。最初に、クロロフィルやカロテノイド等の光合成に関与する色素により光を吸収し、この光エネルギーを用い光化学系Ⅱおよび光化学系Ⅰというタンパク質の複合体において、光化学反応を行い、水から電子と水素イオン（H^+）を取り出し、その際に酸素分子（O_2）を発生する。

電子と光エネルギーを利用しニコチンアミドアデニンジヌクレオチドリン酸還元型（ＮＡＤＰＨ）の合成とともに、チラコイド膜を挟んで水素イオンの濃度勾配を誘導しこのイオン濃度勾配、すなわちエネルギーを利用して高い化学エネルギーを持つＡＴＰを合成する。結果として明反応でＮＡＤＰＨとＡＴＰを供給することになる。

暗反応はチラコイド膜の外側の液体組織であるストロマで、カルビン回路によって行われる。５炭糖であるリブロース－1,5－二リン酸に二酸化炭素１分子が取り込まれ、２分子の３炭糖である３－ホスホグリセリン酸が合成される。この反応が最も重要な反応で、リブロースビスリン酸カルボキシラーゼ・オキシゲナーゼ（ルビスコ）という酵素が触媒する。ルビスコは地球上で最も豊富に存在する酵素ともいわれている。

３－ホスホグリセリン酸は明反応で供給されるＡＴＰによりリン酸化され、1,3－ビスホスホグリセリン酸となり、さらにＮＡＤＰＨによってグリセルアルデヒド－３－リン酸が誘導され、その一部は光合成の目的産物グルコースに変換され、残りは数段階の反応を経てリブロース－1,5－二リン酸に戻ることにより、カルビン回路が一回りすることになる。このように、カルビン回路が1回転するごとに二酸化炭素1分子を取り込むという地道な反応で、化学的に困難な反応を可能にしているのである。人間の知恵では考えられない素晴らしい戦略である。

以上見てきたとおり、多数の酵素や補酵素が協力して行う光合成反応複合体の存在が光合成を可能にしている。このような複雑で優れたシステムが、生命誕生から約11億年後の約27億年前にはシアノバクテリアにおいて確立していたことは驚きである。

地球の炭素循環は植物が駆動する

光合成で生産されたグルコースは、糖代謝、アミノ酸代謝、脂質代謝、核酸代謝等の代謝系を経由し、生物が必要とするアミノ酸、タンパク質、核酸、脂質などの多彩な有機化合物に変換されるとともに、TCA回路、酸素を用いた酸化的リン酸化を経て活動のエネルギーATPを獲得する。これら有機化合物は、植物の体自身を造り、タンパク質やDNA、RNAとなり、植物の生命維持活動に利用される。

植物は、草食動物や、昆虫、ヒトのような雑食性動物により食料とされ、枯れた植物は微生物により代謝される。草食動物は肉食動物の食料となり、昆虫は鳥などの餌となる。死んだ動物は微生物により代謝される。この過程で、すべての生物は最終的に二酸化炭素と水に戻る。ここで生じた二酸化

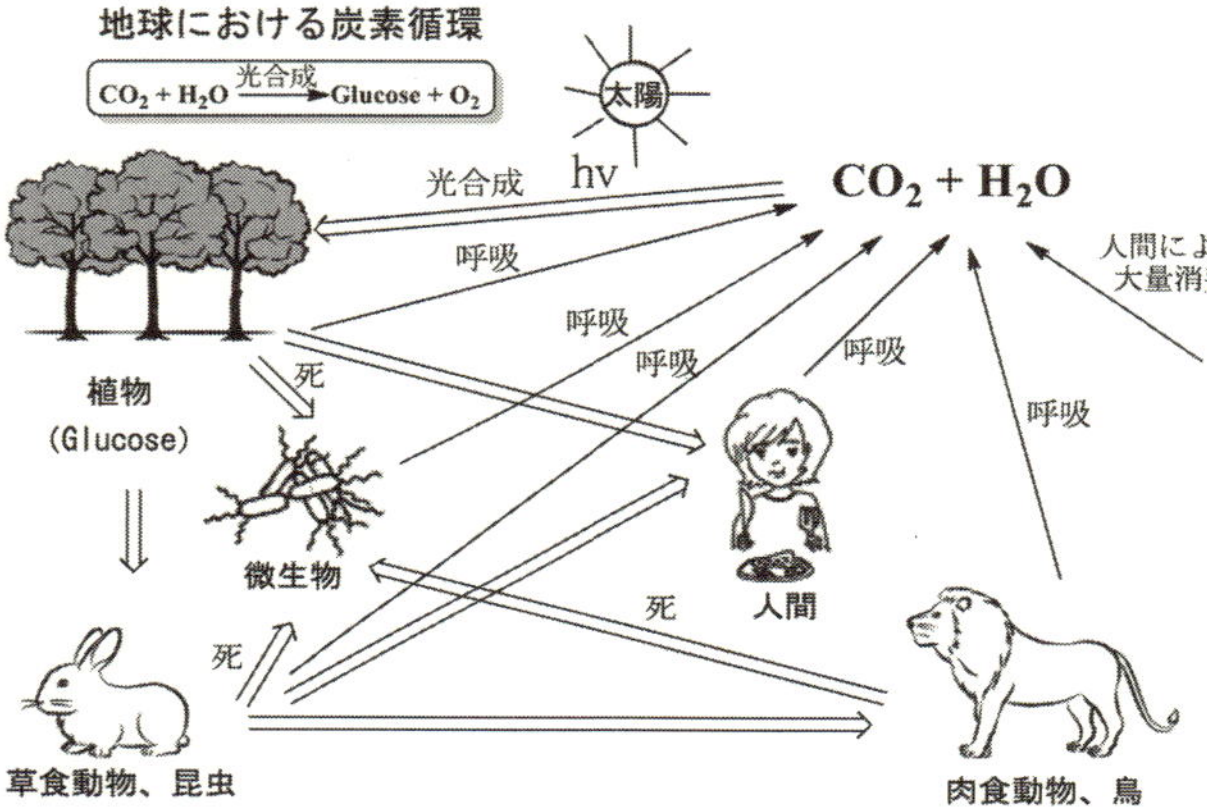

図1－5　地球の炭素循環（エネルギー循環）は地球の生命維持に働いており、太陽の光エネルギー（hν）を用いた植物による光合成がその駆動力となっている。植物が我々地球生命を支えていることになる。

炭素と水は再び植物による光合成で用いられて、グルコースと酸素となり、**図1－5**に示すように、炭素循環の流れに乗っていくことになる。

　この炭素循環のバランスが維持されていれば、地球生物の生存は維持される。また、大気の組成も安定し地球の気候は安定が維持される。しかし、近年は人類の化石燃料の過剰な使用により、二酸化炭素の生産が光合成による二酸化炭素の消費量を超え、二酸化炭素濃度の上昇による地球温暖化が進んでいる。気候の変動による災害の発生、農作物の被害と海水面の上昇などが、世界中で今深刻な社会問題になっている。

　この生命あふれる地球は、植物の光合成能力の獲得がなかったら存在できなかったわけで、光合成という独立栄養能を獲得した植物の誕生は、地球生命にとって最も幸運な出来事だった。

　神経系、循環器系、筋肉、骨を持ち自由に動くことができる動物は、動くことができず、じっと静かに生活する植物より、優れた生き物であると古くから考えられていた。中でもヒトは感情を持ち、思考し判断する高度の知能と、高度なコミュニケーション能力を持っている。野菜や果物や花を栽培し、品種改良し利用している。また、動物を改良し家畜やペットにしている。そのため、地球上の生物の中で頂点に立つ、最も進化した高等な生き物と考えられてきた。人類こそが地球上、いや宇宙で最も進化した生き物であり、地球の支配者であるとの意識が強い。

しかし、生物の本質は種《しゅ》を保存し、子孫を繁栄させることである。果たして、人類は地球上で永遠に生き延びていける生き物であるのかと考えた場合、独立栄養能を獲得し、多くの化学戦略を発展させた植物のほうが生き残り戦略に長けているのではないかという見方もできる。

火山の噴火や、地震や津波などの大災害後の荒廃地には、適度な水と気温と太陽の光があれば、瞬く間に植物が生え茂り、生命力の強さを見ることができる。また、樹木の中には数百年から1000年におよぶ樹齢を持つものが知られている。植物は多彩な繁殖手段を持っており、温帯や熱帯の原生林における繁殖力のすごさは目を見張るものがある。しばらくの間、人の手の入らなかった休耕地や耕作放棄地は瞬く間に植物が生え茂ってしまう。

人間を含む地球上の生命がこの先も生きながらえていけるかどうかは、植物が地球上で繁栄し続けるかどうかにかかっている。自分たち人間が地球の支配者であるとの考えは大きな誤りで、人類はもっと謙虚になるべきではないだろうか。

コラム3　植物の光情報受容体

ヒトには五感（視覚、聴覚、触覚、味覚、嗅覚）という情報を受け取る感覚器があるが、植物には特に感覚器が存在しない。しかし、植物も動物と同じように外界からの情報を何らかの方法で受信しており、なかでも光は大切な情報源である。特に光合成という地球生命の命綱ともいえる仕事を負わされた植物は、外界からの光情報をしっかりと受け止めなければならない。植物は光合成だけでなく発芽、開花、光周性、屈光性など多くの現象が光によってコントロールされている。そこで「情報としての光」を確実にとらえるため、動物の目とは異なる方法で光情報を認識している。

植物は3種類の光受容体を、クロロフィルとは別に進化させている（**図1-6**）。赤色光・遠赤色光を感ずるフィトクロム、青色光を感ずるクリプトクロムおよびフォトトロピンである。これら3種の光受容体は、タンパク質に発色団が共有結合した構造を持っている。特にフィトクロムは重要で、発色団であるフィトクロモビリンがタンパク質に結合してフィトクロムタンパク質を形成している。

フィトクロムにはPr型（不活性型）とPfr型（活性型）があり、それぞれ赤色光（660㎚）および遠赤色光（730㎚）付近の光を吸収して相互変換することで発色

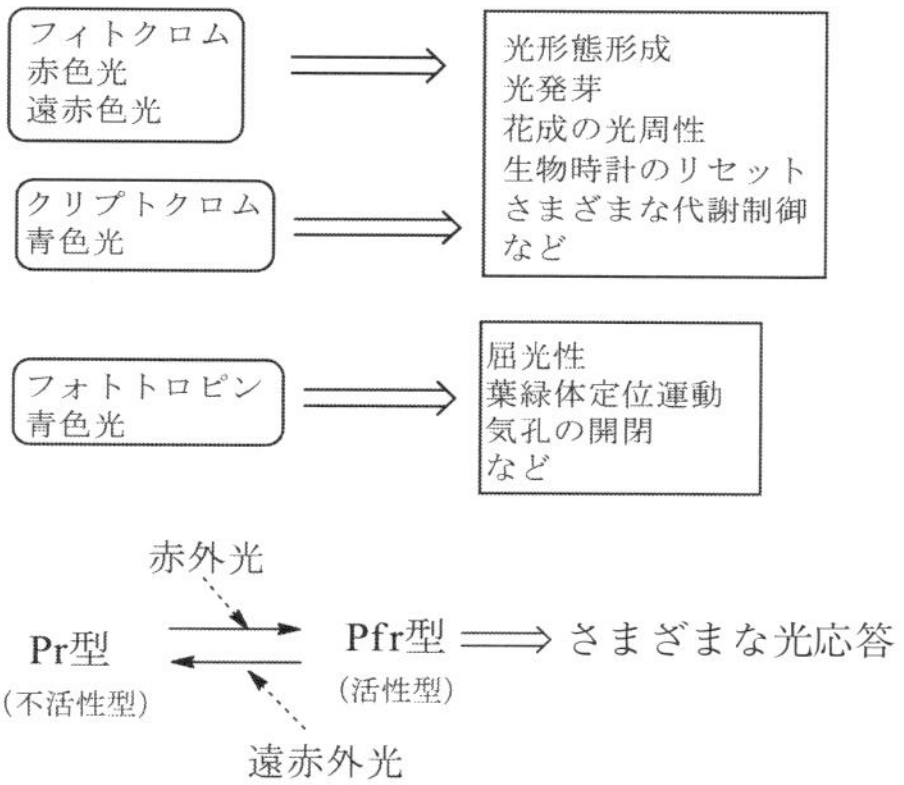

図１－６　植物には３つの光受容体フィトクロム、クリプトクロム、フォトトロピンがあり、それぞれ役割分担して植物の生理現象に関わっている。フィトクロムでは、特定の波長の光を吸収しPr型、Pfr型に変化することにより光応答のスイッチのオン・オフを行っている。

団中の二重結合のシス - トランス変換が起こり、タンパク質の構造変化を誘導し情報として伝わる。

これはちょうど、我々の目の網膜に存在するロドプシンと同じような構造とメカニズムになっている。ヒトの目では発色団であるレチナールが、タンパク質であるオプシンに結合してロドプシンを形成し、発色団であるレチナール部分の二重結合が光を吸収しシス - トランスの変換が起こることで光受容タンパク質に情報が伝えられる。

クリプトクロム、フォトトロピンの場合も同様な形で光情報が受容されていると考えられる。植物には目のような視覚器官や視覚神経、視覚中枢はないが、光信号受容の機構は動物とよく似ている。

フィトクロムおよびクリプトクロムは「光形態形成」「光発芽」「花成の光周性」「生物時計のリセット」など、フォトトロピンは「屈光性」「気孔の開閉」などのスイッチのオン・オフを担当している。

第2章　二次代謝産物——化学戦略の主役

一次代謝と二次代謝

地球上の生物は、植物が光合成で合成したグルコースや、それをもとに代謝合成された糖、アミノ酸、タンパク質、脂質などの有機化合物を栄養として摂取することで生きている。このような生物が行っている代謝系を、その役割から、一次代謝と二次代謝の2つに分けることができる。一次代謝と二次代謝の関連を示す概念図を**図2-1**に示す。

一次代謝は生物の生命維持のために必要不可欠な代謝系で、微生物でも植物でも動物でも、生物種によらず同じ代謝系が働いている。生物が生きていくために必要なアミノ酸、タンパク質、核酸、糖、脂質等の生合成や代謝、さらにミトコンドリアで行われる酸化的リン酸化過程である呼吸鎖を通して、生きるためのエネルギー源となるアデノシン三リン酸（ＡＴＰ）の合成を行っている。

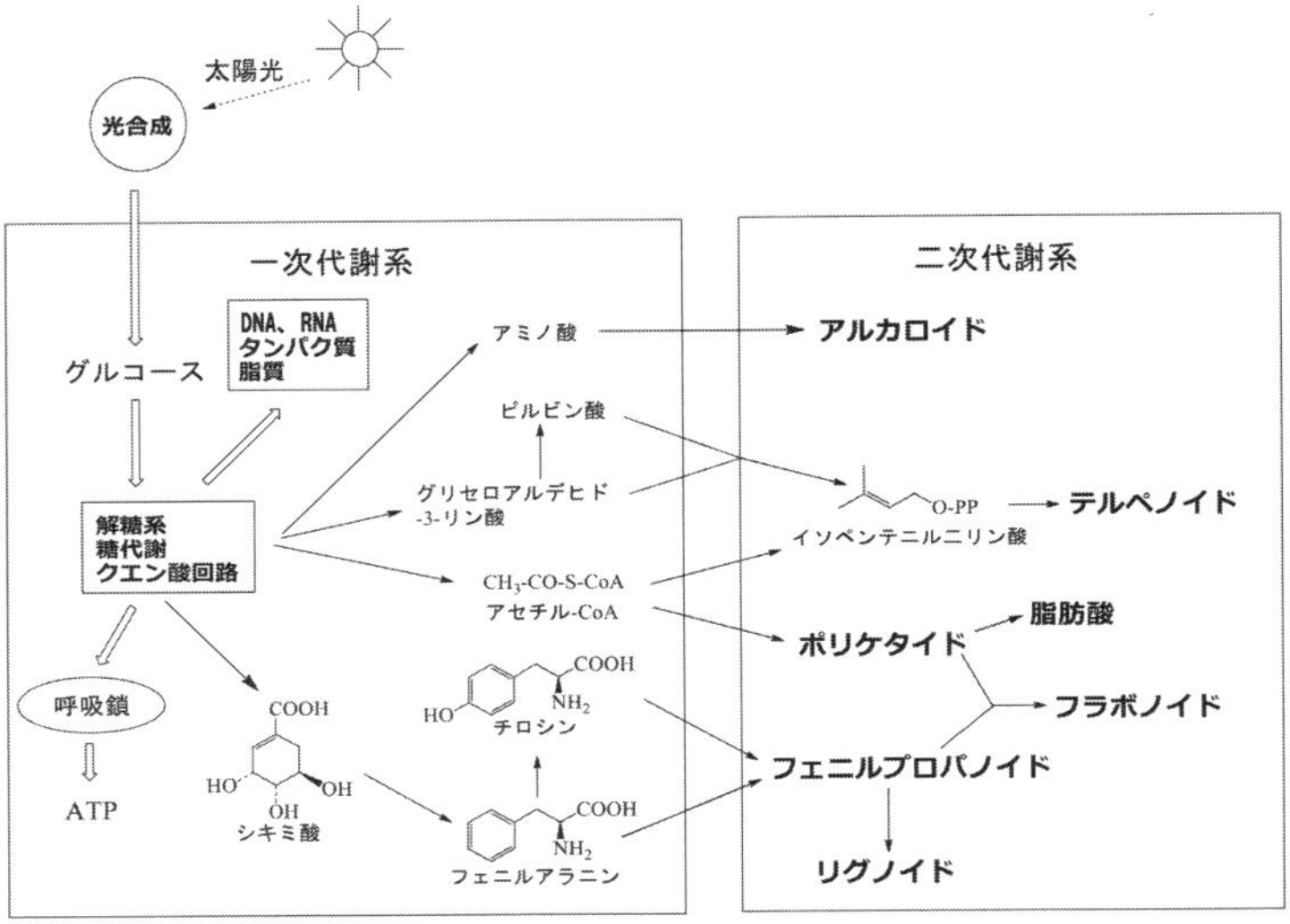

図２－１　すべての生物は基本的に生命維持のために一次代謝を行っている。二次代謝は植物と微生物が行うことができ、特に植物では多彩な二次代謝が行われている。動物は基本的に二次代謝を行うことができない。

一方、生命維持とは直接関係していないが何らかの形で生物の生命活動に関係していると考えられる代謝がある。これを二次代謝といい、植物と微生物で盛んに行われている。一次代謝は生物種によらず共通の代謝経路を有しているのに対して、二次代謝は、植物と微生物で大きく異なり、かつ、植物でもその種類によって異なっている。

一次代謝で生産されたアミノ酸やアセチル-CoA、ピルビン酸などの低分子化合物を原料にして二次代謝で生産されるものを二次代謝産物（天然有機化合物）と称し、アルカロイド、テルペノイド、ポリケタイド、フラボノイド、フェニルプロパノイド、リグノイドなどがある。

従来は、二次代謝産物は植物にとっては老廃物、あるいは貯蔵物質程度の認識しかなく、その多くがその生物における存在意義を理解されていなかった。最近は、その存在意義が少しずつ明らかになりつつあるが、その構造の多様性と複雑さ、生合成における合理性は人知の及ばないところである。人は医薬品、機能性食品、食品、香料、化粧品等として、この二次代謝産物の恩恵に大いに浴し、有効利用してきた。しかし、植物は二次代謝産物を人のためにではなく、植物自身の生存のための化学戦略として生合成しているのである。

二次代謝産物

二次代謝産物は、その生合成される経路から、以下の6つに分類することができる。

①テルペノイド誘導体：メバロン酸経路あるいは、メチルエリスリトールリン酸経路を経由して生合成され、イソプレンがつながった5の整数倍の炭素数の炭素骨格を持つ。

②ポリケタイド誘導体：酢酸の誘導体であるアセチル-CoA（CH_3-CO-S-CoA）にマロニルCoA（HOOC-CH_2CO-S-CoA）が脱炭酸を伴ってつながった炭素数2の整数倍の炭素骨格を持つ。

③フェニルプロパノイド誘導体：アミノ酸の一つであるフェニルアラニンを経由して生合成される。ベンゼン環に炭素3つが結合した基本骨格を持つ。

④フラボノイド誘導体：フェニルプロパノイドと酢酸マロン酸経路の混合経路で生合成される。

表2－1　高等植物から得られて報告されている二次代謝産物のおおよその数

二次代謝産物のタイプ	おおよその数
テルペノイド（モノ、セスキ、ジ、トリテルペン）、ステロイド、カロテノイド	22,000
脂肪酸、ポリアセチレン、アンスラキノンおよびポリケタイド	2,300
フェニルプロパノイド、リグナン、クマリン	2,000
フラボノイド、タンニン	5,000
アルカロイド、シアン配糖体、非タンパクアミノ酸、ペプチド	23,000
その他	2,000

⑤アルカロイド誘導体：各種アミノ酸から生合成される窒素原子を含んでいる。

⑥その他の複合経路で合成される誘導体等

これらの天然有機化合物は多彩で、それぞれ特徴的な構造を有している。二次代謝産物は、植物の中でいろいろな役割を持つと同時に、我々人類に対しても、さまざまな恩恵や影響（薬効や毒性）を与えている。

高等植物から得られ報告されている天然有機化合物のタイプ別のおおよその数を**表2－1**に示す。アルカロイド、テルペノイド、フラボノイドなどが特に多く生合成されている。

以下に生合成経路別の各グループの特徴を見ていこう。

テルペノイド――花の香りからフィトンチッドまで

天然ゴムは炭素数5のイソプレン単位が多数重合したポリイソプレンである。このイソプレンがつながった化合物群をテルペノイドあるいはイソプレノイドという。そのため、基本的には炭素数が5の整数倍の炭素骨格を持っている。

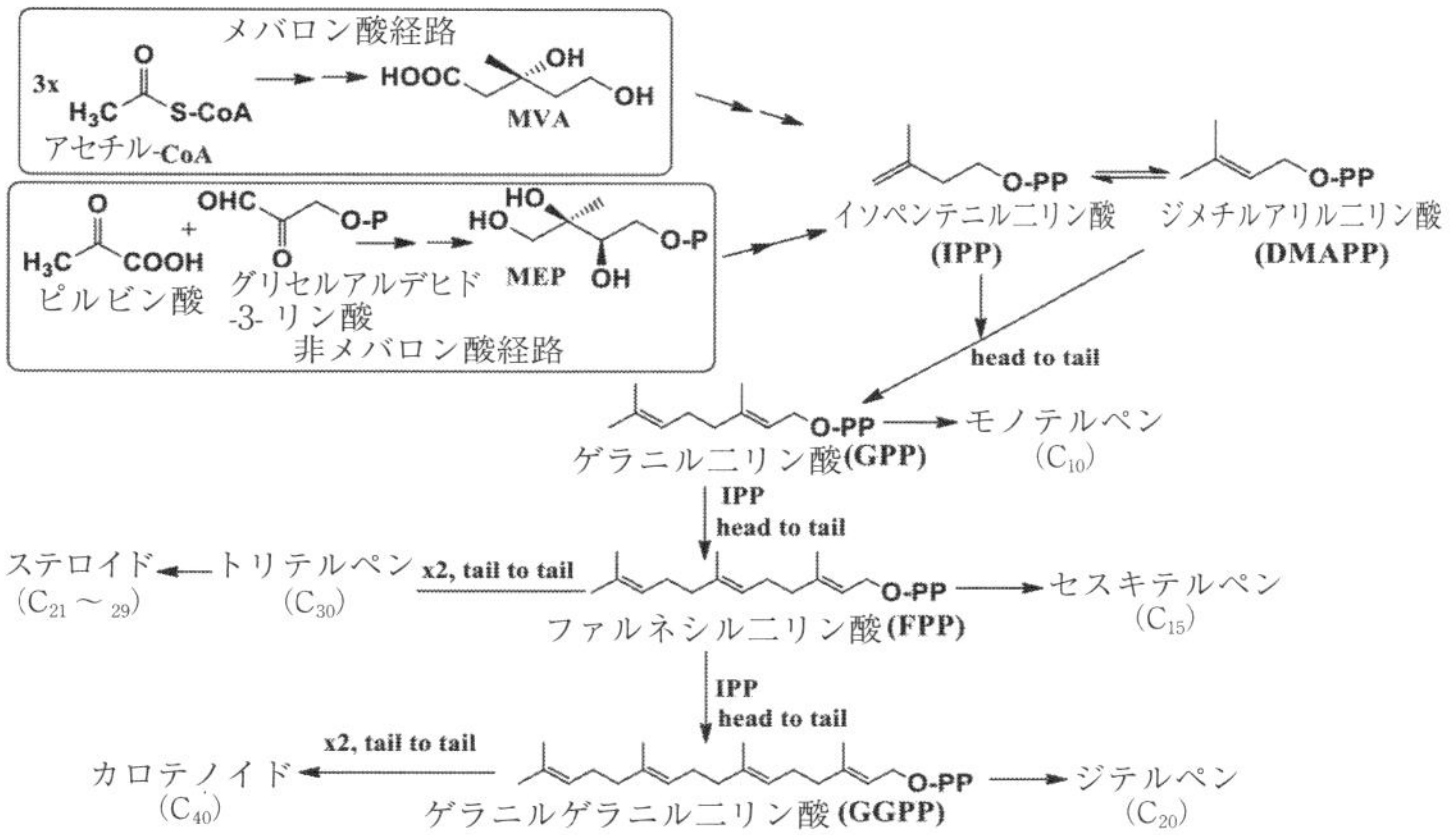

図２−２　IPPの生合成には生物種によって２つの経路があり、IPPを出発物質として、モノテルペン、セスキテルペン、ジテルペン、トリテルペン、ステロイド、カロテノイドが生合成される。

従来は、テルペノイドはメバロン酸（ＭＶＡ）経路で生合成されるイソペンテニル二リン酸（ＩＰＰ）を経由し生合成されるとされていたが、近年、ＭＶＡ経路を経由しない非メバロン酸（ＭＥＰ）経路の存在が明らかになり注目されている。ＭＶＡ経路では３つのアセチル-CoAから合成されるＭＶＡを経由してＩＰＰが生合成される。一方、ＭＥＰ経路では、ピルビン酸とグリセルアルデヒド-３-リン酸から、比較的複雑な経路を経てメチルエリスリトールリン酸（ＭＥＰ）経由でＩＰＰが生合成される。ＭＶＡ経路は、陸上植物の細胞質、動物、古細菌などで、ＭＥＰ経路は、陸上植物の葉緑体、シアノバクテリア、細菌などで働いている。

　ＩＰＰ以降の反応は両者共通で、炭素数５のイソプレンが重合して各種テルペノイドが生合成される（**図２-２**）。ＩＰＰはジメチルアリ

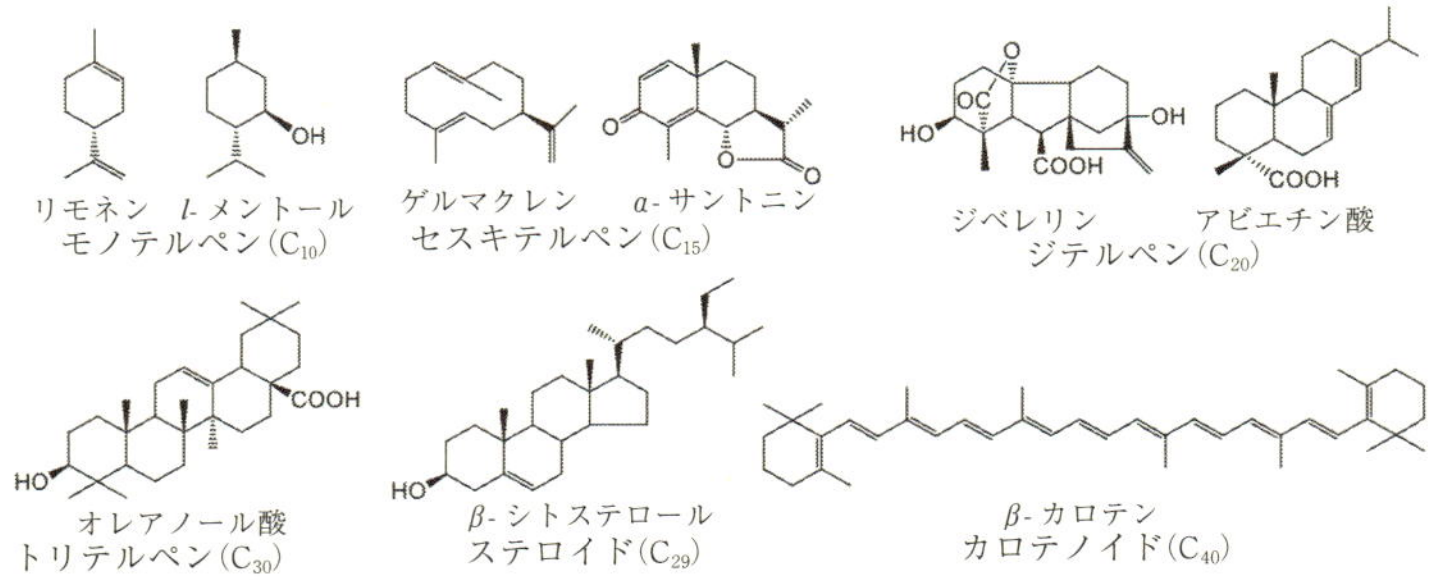

図2-3　モノテルペン、セスキテルペン、ジテルペン、トリテルペン、ステロイド、カロテノイド誘導体の代表的な化合物例。

ル二リン酸（DMAPP）と互変異性体として共存し、IPPの頭の部分にDMAPPの二リン酸が外れた尻尾の部分（head to tail）がつながってゲラニル二リン酸（GPP）となる。IPPの頭にGPPの尻尾がつながりファルネシル二リン酸（FPP）になる。

同様の反応でIPPとFPPがつながりゲラニルゲラニル二リン酸（GGPP）になる。GPPから二リン酸が外れて環化して炭素数10のモノテルペンが誘導される。同様の反応で、FPPから炭素数15のセスキテルペンが、GGPPからは炭素数20のジテルペンが誘導される。

一方、2分子のFPPが尻尾と尻尾（tail to tail）でつながることでスクワレンを経由して炭素数30のトリテルペンが誘導され、さらに変化してステロイドへ誘導される。2分子のGGPPが尻尾と尻尾でつながると炭素数40のカロテノイドが誘導される。代表的な誘導体を**図2-3**に示す。

テルペノイドは、炭素数10のものをモノテルペンと称し、分子サイズが小さく、その多くは揮発しやすい。リモネンや*l*-

メントール、ボルネオール、ピネン、カンファーなどの独特の香りを持った香気成分で、ハーブや果物、花の香り成分や、森林の香りフィトンチッドの起源物質などとして知られている。

炭素数15のものはセスキテルペンと称し、一部の揮発しやすいゲルマクレンのような香気物質のほか、一部はα-サントニンやアルテミシニンのような生理活性物質として知られるものがある。

炭素数20のものはジテルペンと称し、ジベレリンのような植物ホルモンや、松柏類の樹脂の主要成分であるアビエチン酸のような抗菌物質、さらにアコニチンやグラヤノトキシンのような強力な有毒物質が知られるように、強い生理活性を持ったものがある。

炭素数30のものはトリテルペンと称し、代表的化合物として、オレアノール酸が広く植物に存在しており、その配糖体はトリテルペンサポニンで、多くの薬用植物の主要成分として知られている。また、トリテルペンから派生するステロイドと呼ばれる化合物は、動物や昆虫、植物のホルモンとして重要な働きを持つものが知られている。

ステロイドの一つであるコレステロールは動物の細胞膜の構成成分としても、我々の日常の生活において重要な働きをしている。また、β-シトステロールは植物ステロイドとして広く分布している。

炭素数が40のカロテノイドと呼ばれる化合物の仲間は、β-カロテンやリコペンなどが有名である。後述するように、カロテノイドは重要な植物色素であると同時にいろいろな生理活性を有している。植物の体内では変換を受け植物ホルモンとして働き、また我々人間の体内で変換され視覚に関係した重要な働きを持つ化合物の原料としての役割を担っている。

以上述べたように、テルペノイドは一般に環状構造を持っており、化学構造においても最も多彩な構造を持ち、しかも生理活性を持つものが多く注目される化合物のグループである。

ポリケタイド——脂肪酸も仲間

ポリケタイドはアセトジェニンともいわれ、酢酸－マロン酸経路により生合成される。これらの化合物の生合成経路では、炭素数2の酢酸の誘導体であるアセチル-CoAを先頭にして、炭素数3のマロニル-CoAが脱炭酸を伴って、順次縮合することから、酢酸－マロン酸経路と呼ばれている。結果的には炭素数2のユニット（$-CH_2-CO-$）がつながっていくことになる（**図2－4**）。

代表的な成分としてはカルボニル基が一つおきに存在するポリケタイドと呼ばれる中間体が誘導され、さらに環化が起こり芳香族化合物が生合成される。植物成分としては、アンスラセン誘導体、キサントン誘導体、フタライド誘導体などがあり、生薬の有効成分として重要な生理作用を持つものがある。

微生物はポリケタイド誘導体の宝庫だ。ポリケタイドが部分的に還元され、大環状誘導体であるエリスロマイシンなどのマクロライドやポリエーテル誘導体など多彩な構造のものが分離されており、感染症に用いられる抗生物質や制がん剤として利用されている。一方、マイコトキシンと総称されるカビの成分である芳香族化合物は強力な発がん物質として知られている。

一方、炭素数2のユニットがつながるたびにカルボニル基が還元され脂肪酸が合成される経路も生

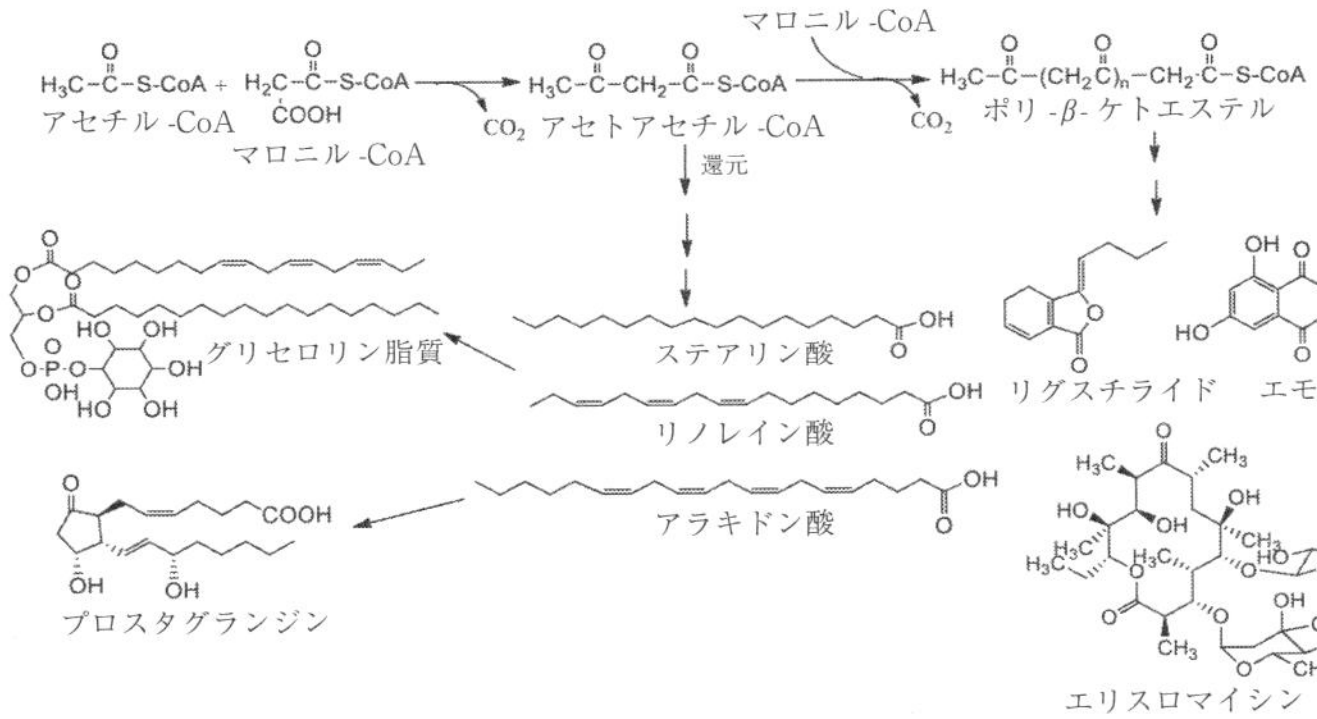

図２－４　酢酸 - マロン酸経路はポリケタイド生合成と脂肪酸生合成の重要な経路で、一次代謝と二次代謝の両方に深く関係している。特に微生物代謝産物の生合成では重要な経路。

物にとって重要である。脂肪酸は長いアルキル側鎖を持った有機酸で、炭素数は基本的には2の整数倍で偶数になる。一般的な脂肪酸は、一次代謝産物として重要な働きを担っており、ラウリン酸、ミリスチン酸、パルミチン酸、ステアリン酸などの飽和脂肪酸、オレイン酸、リノール酸、リノレイン酸、アラキドン酸などの不飽和脂肪酸がある。これら脂肪酸は、グリセロールに結合し、さらに糖やリン酸などが結合し、リン脂質として細胞膜の重要な構成要素とし、また、栄養素の一つのエネルギー源として働いている。

不飽和脂肪酸であるアラキドン酸からアラキドン酸カスケードという代謝経路を経由して誘導されるプロスタグランジン類やトロンボキサン類は、プロスタノイドと総称され非常に生理活性が強く、炎症、疼痛、発熱、子宮収縮、血管透過性、高血圧、細胞性免疫応答などの多くの生理現象と関係している。

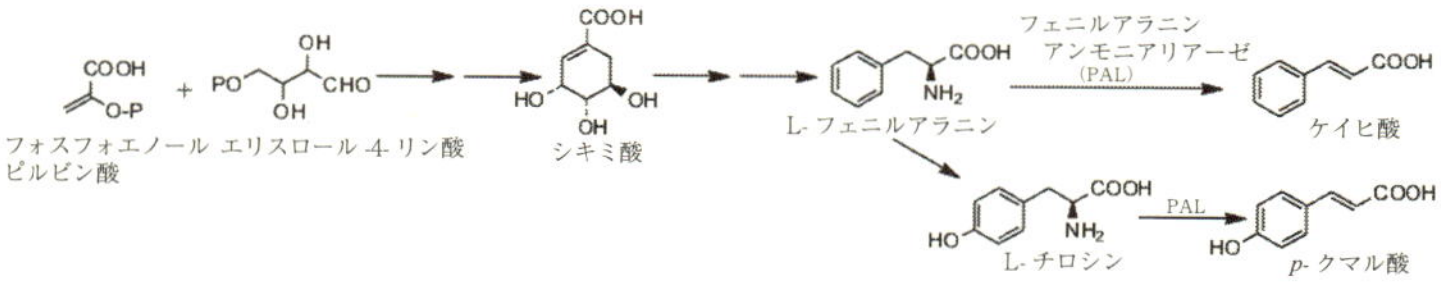

図2－5　シキミ酸が重要な中間体として関与し、芳香族アミノ酸であるL-フェニルアラニンを経由しフェニルプロパノイドを生合成する経路をシキミ酸経路という。

フェニルプロパノイド——C_6-C_3 の炭素骨格を持つ

芳香族アミノ酸であるL－フェニルアラニンは、フォスフォエノールピルビン酸とエリスロース－４－リン酸を出発原料としてシキミ酸という重要な中間体を経由し、多段階の反応を経て生合成される。このL－フェニルアラニンは水酸化を受けてL－チロシンになる。

フェニルアラニンおよびチロシンはアミノ酸として重要な一次代謝産物であるが、フェニルアラニンアンモニアリアーゼ（ＰＡＬ）という酵素によりアミノ基（$-NH_2$）がアンモニア（NH_3）として取り除かれ、炭素－炭素二重結合が形成され、ケイヒ酸および*p*－クマル酸に変換される。つまり、ＰＡＬという酵素は、一次代謝産物から二次代謝産物へのゲートを開く重要な酵素ということになる（**図２－５**）。

このように、シキミ酸を中間体としてL－フェニルアラニンを経由して進行する生合成経路をシキミ酸経路と呼んでいる。この経路で生合成されるフェニルプロパノイドは、基本的にC_6-C_3 の炭素骨格を持つ９個の炭素から構成されている。少ない例だが、炭素が酸化的に除去されたC_6-C_2 やC_6-C_1 の炭素骨格を持つものもある。また、C_6-C_3 の整数倍の炭素骨格を持つ、あるいは、それらから誘導された化合物

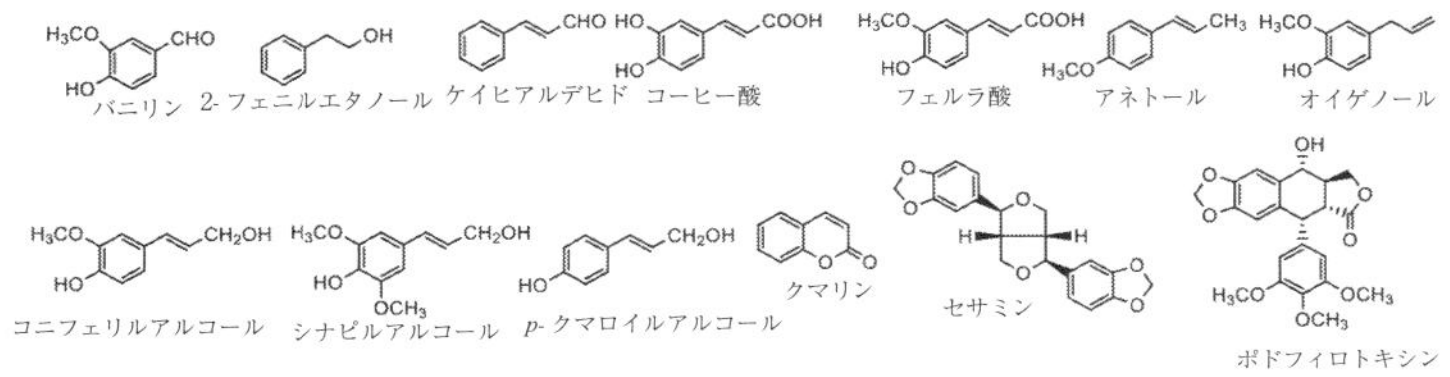

図２－６　フェニルプロパノイドは基本的に C_6-C_3 および 2xC_6-C_3 炭素骨格を有しているが、時には一部炭素が欠損し、C_6-C_1 や C_6-C_2 の炭素骨格を有するものもある。

が知られている（図２－６）。

C_6–C_3骨格のものとしてシナモンの特徴的な甘い香りの成分であるケイヒアルデヒド、C_6–C_1骨格のものとしてはバニラの独特の香り成分であるバニリン、C_6–C_2骨格のものとしてはバラの花の香りの代表的成分の一つである２－フェニルエタノールなどが知られている。このほか、フェルラ酸やコーヒー酸も広く植物に分布している。ウイキョウやアニスの主要成分アネトールやチョウジの主要成分オイゲノールは、揮発性があるため香辛料の特徴的な香り成分として知られている。

高極性のフェニルプロパノイドや、その重合体であるリグナンといわれる化合物は、ポドフィロトキシンのような抗がん剤、セサミンのような食品の機能性成分として知られているものがある。また、フェニルプロパノイドから誘導されるクマリン誘導体も植物の主要成分の一つである。桜餅の独特な香りは、オオシマザクラを塩漬けにしたときに生じてくるクマリンの香りである。

なお、樹木の木部を形成している構造物として、セルロースとリグニンが知られている。鉄筋コンクリートの建築物でいえば、セルロースは鉄筋に対応し、リグニンはコンクリートに対応すると考えることができる。このリグニンはフェニルプロパノイドであるコニフェリルアルコール、シナピルアルコール、p-クマロイルアルコールなどが重合したポリマーで、木化した組織に充填されている。

紛らわしい名前であるが、リグナンが、フェニルプロパノイドの二量体、時には三量体の成分の総称であるのに対して、リグニンは、植物の木化した組織に充填され、植物の硬い形態を維持するために働いているフェニルプロパノイドの多量体のことである。植物のセルロースから紙を製造するときにリグニンは不要な物質なので、製紙工場ではリグニンの除去が行われる。過去に、製紙工場が出すリグニンを大量に含む排水が原因となり、環境汚染の大きな社会問題（静岡県田子《たご》の浦《うら》港のヘドロ公害）が発生した。

フラボノイド——生活習慣病予防への期待

フラボノイドは維管束植物に広く分布する植物色素で代表的なポリフェノールだ。5000種以上が知られている。フラボンという名は、ラテン語で「黄色」を意味する「flavus」にちなんで命名された。

図2-7に示すように、シキミ酸経路と酢酸-マロン酸経路の複合経路で生合成される。シキミ酸経路で生合成されたp-クマロイル-CoAにマロニル-CoAの3分子が脱炭酸を伴って、酢酸単位が3つ縮合してできた中間体（C_6-C_3-C_6）から、カルコンシンテースという酵素によりルートAで環化

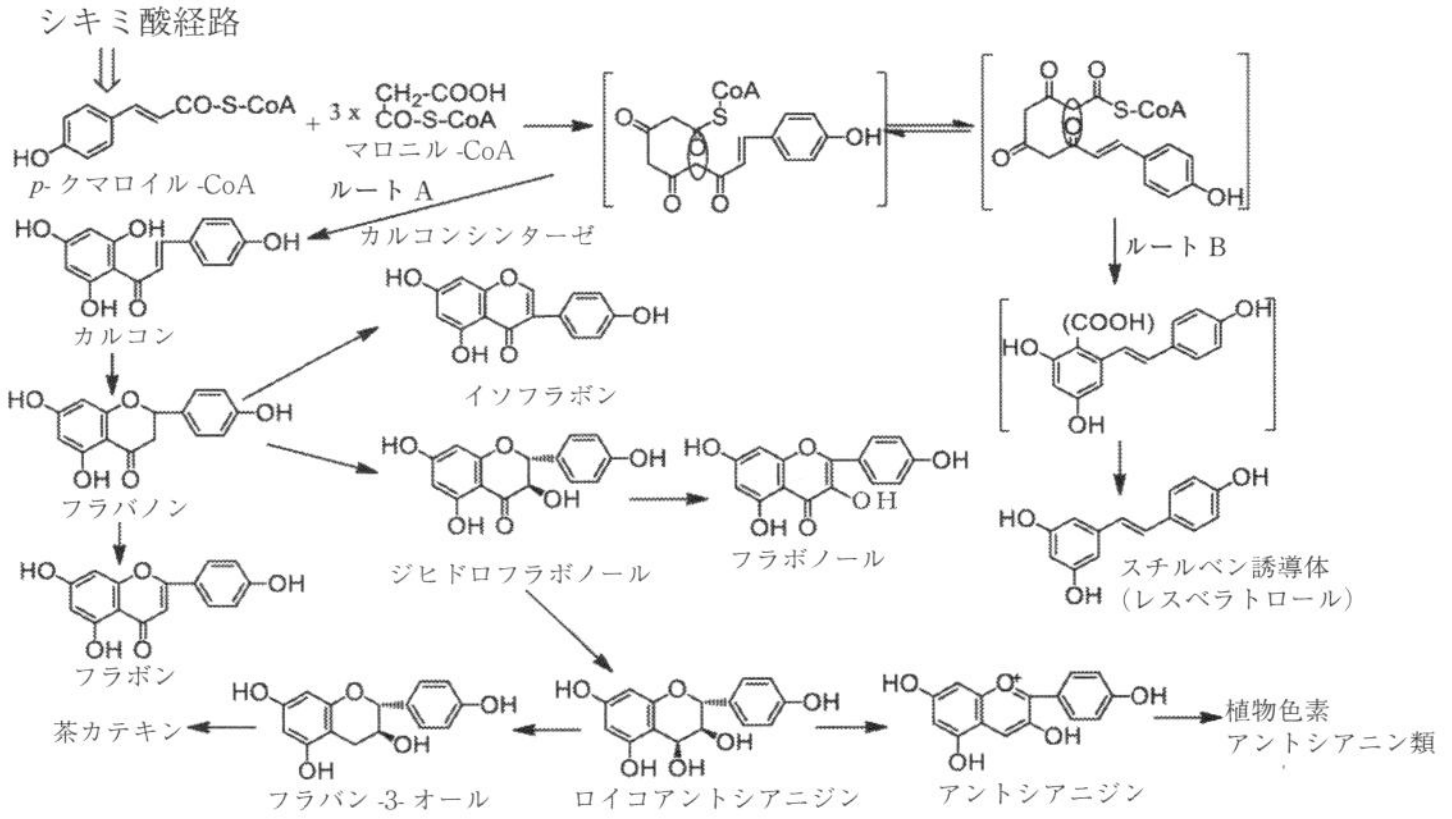

図2-7　シキミ酸経路で合成された*p*-クマロイル-CoAに3分子のマロニル-CoAが脱炭酸しながら結合して得られる共通中間体がカルコンシンテースによりルートAでカルコンに誘導され、さらに各種フラボン誘導体に変換される。共通中間体からルートBで環化することによりスチルベン誘導体が得られる。

が起こり、2つの環を持つカルコンが誘導される。カルコンはさらに環化することにより3つの環で構成されるフラバノンになる。

フラバノンは酸化反応等を経て各種フラボン誘導体に変化していく。一方、炭素が一つずれてルートBで環を巻くとスチルベン誘導体に変化する。フラボノイドとスチルベン誘導体は、構造的には大きく異なっているが、その生合成過程を考えれば兄弟同士ということになる。

フラボノイドは植物に広く分布し、植物の生理現象に多彩に関わっている。フラボノイドはカルコン、フラバノン、フラボン、ジヒドロフラボノール、フラボノール、アントシアニジン、イソフラボン、フラバン-3-オールなどのグループに分類される。

多くのフラボノイドは、強い生理活性は持っていないが、植物色素として抗酸化活性、有害紫外線の防御作用をはじめとして多彩な機能性が知られている。活性酸素が多くの生活習慣病の原因であることが明らかになっており、強い抗酸化活性を持つフラボノイドはいろいろな疾病の予防に対する効果が期待されている。

我々は、野菜や果物を食べる普段の食生活の過程で自然にフラボノイドを摂取することになり、その結果、フラボノイドは我々の健康維持にも大きく貢献していると考えられている。特にお茶の主成分であるカテキン類は最も注目されている機能性物質で、多くの生理活性が報告されている。アントシアニジンから誘導されるアントシアニンは、後述するように、花や果実の色の最も重要な色素として機能している。

一方、レスベラトロールなどのスチルベン誘導体は、植物体内では目立った役割を果たしていないが、健康に対する赤ワインの機能性のもととなる物質として最近見直されている。

アルカロイド——合成医薬品の開発に貢献

アルカロイドは窒素原子を含有する有機化合物で、多くの植物によって生合成されている。含まれる窒素の影響で、塩基（アルカリ）性を示すということでアルカロイドと呼ばれていたが、アミド結合（-CO-NH-）の形で窒素原子を含む場合は塩基性を示さないため、最近は塩基性であることはアルカロイドの条件とはならず単に「窒素原子を含む有機化合物」をアルカロイドと定義している。塩

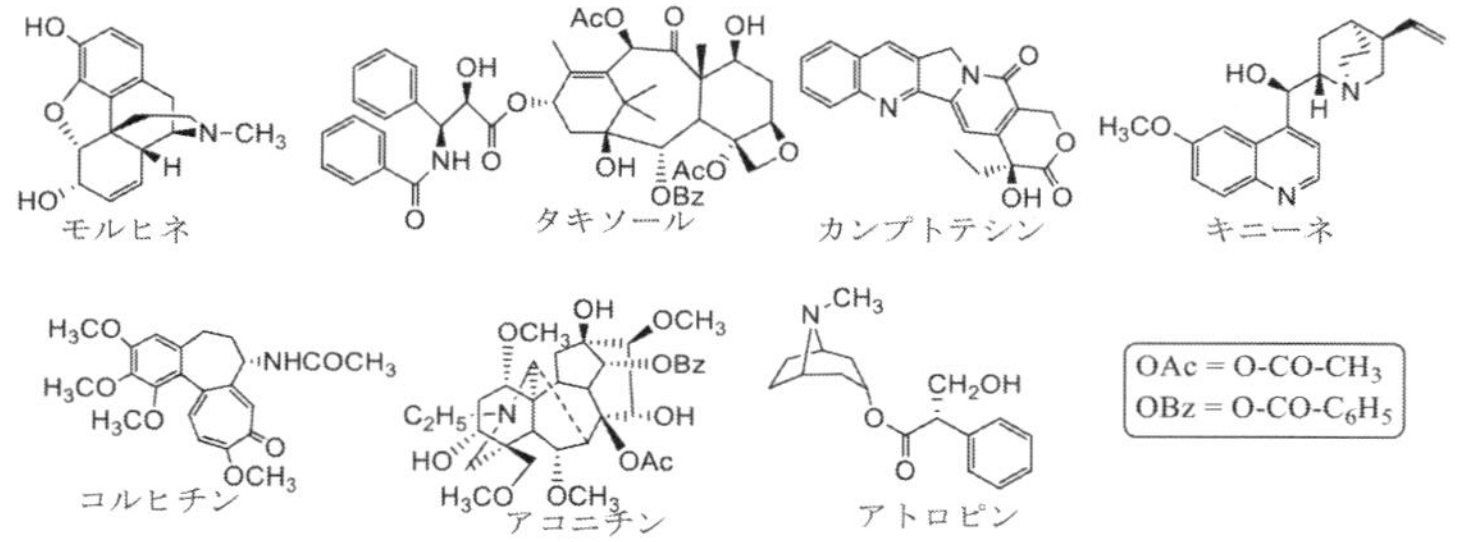

図2-8　分子中に窒素を含むアルカロイドは生理活性の強いものが多く、鎮痛薬、抗がん薬、抗マラリア薬などとして用いられているものや、有毒物質が知られている。

基性を示さないアルカロイドの例として、イヌサフランの成分で染色体を倍加する作用のあるコルヒチンが有名である。

通常、アルカロイドはアミノ酸を前駆物質として生合成され、アミノ酸のアミノ基由来の窒素原子を含むものを真正アルカロイド呼び、テルペノイド誘導体などの酸素原子が窒素原子に置き換わったアルカロイドをプソイドアルカロイドと呼ぶ。プソイドアルカロイドとしてセスキテルペンアルカロイド、ジテルペンアルカロイド、ステロイドアルカロイドなどがある。

図2-8に代表的なアルカロイドの例を示す。窒素原子を含有するアルカロイドの多くが強い生理活性を持っていることが参考とされ、窒素を含んだ合成医薬品が数多く開発されている。

トリカブトのアコニチン、ケシのモルヒネなど多くのアルカロイドが強い生理活性を持っている。そのため、医薬品として用いられることも多く有用である反面、強い毒性のため有害なものも多い。医薬品として、タキソールやカンプトテ

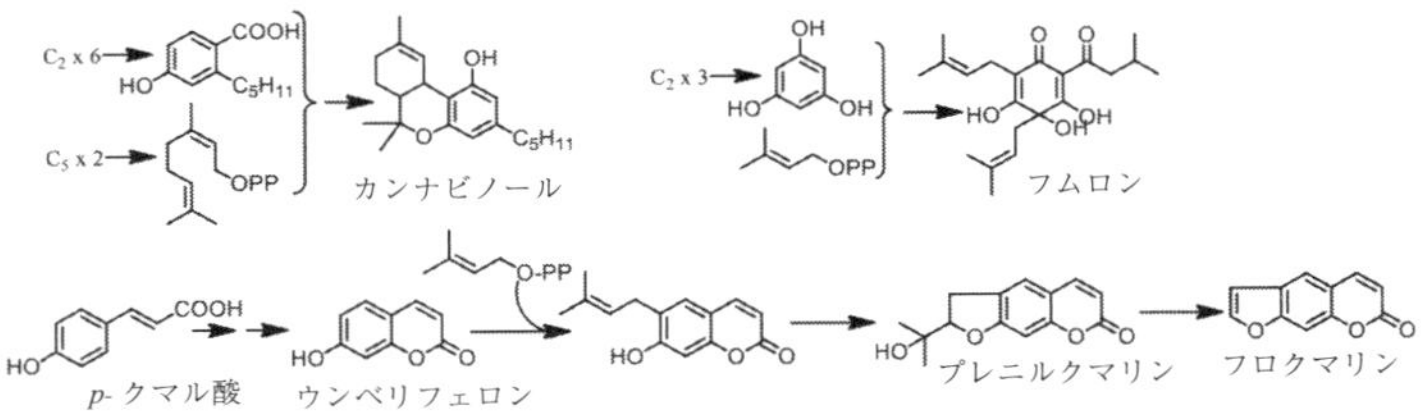

図２－９　複合経路で生合成される天然物が数多く知られているが、大麻の成分カンナビノイド、ビールの原料の１つホップの成分フムロン、フロクマリン誘導体などが代表的である。

シンのように抗がん薬として利用されているものや、マラリアの特効薬として１００年以上の間多くの人々の命を救ってきたキニーネなどが有名である。

また、麻薬として悪評の高いモルヒネは、一方では最も優れた鎮痛薬として、医療の現場にはなくてはならないものである。トリカブトのアコニチン、ロート根のアトロピン、キク科植物に含まれるピロリチジンアルカロイドなども知られている。アコニチンやアトロピンなどの有毒アルカロイドも、専門家が厳格にコントロールして使用することにより医薬品として役立つ例も多く見られる。

複合経路——多彩な天然物を演出

複数の生合成経路が関与する複合経路も数多く認められる（図２－９）。なおフラボンやスチルベンも混合経路の一つであるが、フラボン誘導体は大きなグループなので、④フラボノイドとして別扱いした。複合経路としては、大麻の成分であるカンナビノイド誘導体が有名で、テルペノイドであるモノテルペンとポリケタイド誘導体であるアルキルベンゼン誘導体が縮合してできた化合物である。

同様に、ポリケタイドから誘導されたフロログルシノールとイソプレンが結合してできたホップの成分は、ビールの風味にとってなくてはならないフムロンやルプロンであり、複合経路で生合成される。

フロクマリンといわれる化合物は、フェニルプロパノイドであるクマリン骨格にイソプレンが結合した後、フラン環に変換され生合成されたものである。

なお、二次代謝産物は、糖が結合した化合物が数多く知られており、配糖体と呼ばれる。配糖体から糖を取り去った部分をアグリコンと呼ぶ。テルペノイドの配糖体、フラボンの配糖体、フェニルプロパノイドの配糖体などがたくさん見つかっている。

コラム4　配糖体

「配糖体」という言葉がしばしば登場するが、「配糖体」とはいったい何者なのか。文字から、なんとなくわかったような気がする方もいるだろうが、ここで簡単に説明しておく。

有機化合物の中に糖というグループが存在する。グルコース（ブドウ糖）、シュークロース（ショ糖）、ガラクトース、キシロース、フルクトース（果糖）などの糖の名前を耳にすることがあると思うが、炭素と水素で構成される骨格に水酸基（-OH）が複数結合したもので、基本的に、水によく溶け、多くが甘味を持つ化合物群である。有機化合物に、これらの糖が結合したものを配糖体という。

二次代謝のところでお話ししたいくつかのグループの天然物は、糖が結合し配糖体としても存在している。配糖体となることで、多くの化合物はより安定化し水に溶けやすくなる。配糖体の糖部分を除いたものをアグリコンという。一般的に、アグリコン部分は、糖部分に比べ極性が低く、別の言葉でいうと、脂溶性が高い、あるいは親油性が高いということになる。通常はアグリコンの水酸基に糖が結合するが、アミノ基やカルボキシル基に糖が結合することもある。

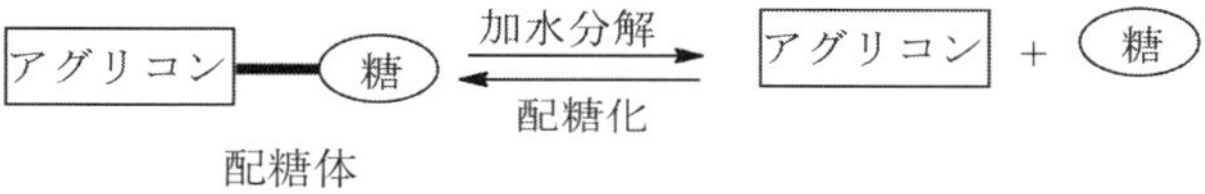

図2－10　多くの二次代謝産物が配糖体として存在しており、必要に応じて加水分解を受けアグリコンに変換される。

フラボンの場合、少ない例だが、炭素に直接糖が結合することもある。配糖体は一般的に酸性条件で糖が外れアグリコンと糖に分解される（図2－10）。生体中では、配糖体を加水分解しアグリコンと糖に分解する多くの糖加水分解酵素（グリコシダーゼ）という酵素が存在している。その仲間の一つであるエムルシンはデンプンなどの多糖を加水分解し消化という重要な生理現象を行っている。

当然、この逆の反応を行う配糖化酵素（グリコシルトランスフェラーゼ）という糖を結合する酵素がある。有機化合物は、そこに結合している水酸基の数が増えるに従い極性が高くなる。つまり、アグリコンに糖が結合することでより水に溶けやすくなる。

植物の色素であるアントシアニンは、その色を発現するために液胞という水が満たされた器官の中で溶解し均一状態にならなければならない。そのため、アントシアニンも配糖体として存在している。植物中に存在する生理活性物質の一部のものは、配糖体となることで不活性化し、しかも、安定な貯蔵物質として蓄えられている。その生理活性の発現が必要となると、加水分解酵素が働き、糖を切り離し生理活性物質として供給されることになる。

配糖体の中でも代表的なものとしてサポニンといわれるグループがあり、トリテルペンに糖が結合したトリテルペンサポニンと、ステロイドに糖が結合したステロイドサポニンがある。サポニンは、脂溶性の高いアグリコン部分に水溶性の糖が結合しているため、一つの分子の中に脂溶性部分と水溶性部分が存在し、石けんと同じような界面活性作用を持っている。そのため、サポニンを大量に含むムクロジやサイカチなどの植物の実は昔、石けん代わりに用いられていた。

サポニンだけでなく、フラボノイドやフェニルプロパノイド、リグナンなどの配糖体が多数植物成分として存在している。

コラム5　ホルミル基を持つ化合物の不思議

　お菓子やアイスクリームなどの定番の香りであるバニラの甘い芳香のもとになるバニリンや、シナモンの独特の香りのもとになるケイヒアルデヒド、あるいは杏仁豆腐の香りのもとになるベンズアルデヒドは、共通してホルミル基といわれる官能基（-CHO）を持っている。

　一方、猛毒成分で、微量でも有毒で発がん性もあり、特に超微量でもシックハウス症候群の原因ともなるホルムアルデヒドや、酒を飲んだとき、代謝で一時的にエタノールから作られるアセトアルデヒドは悪酔いや二日酔いの原因物質であり、これも有毒物質である。これらもやはりホルミル基を持っている。

　また、ドクダミの不快な香りの成分であるデカノイルアセトアルデヒドやラウリルアルデヒド、カメムシの臭気の成分であるトランス-2-ヘキセナールやトランス-2-デカナールなどもホルミル基を持っている。最近ブームのパクチーはカメムシ臭がするともいわれているが、このパクチーにもホルミル基を持つ成分が入っており、これがカメムシ臭を発散していると考えられる。このように、ホルミル基を持った化合物は時には人体に良い影響を、時には有害な影響を示す二面性を有している。

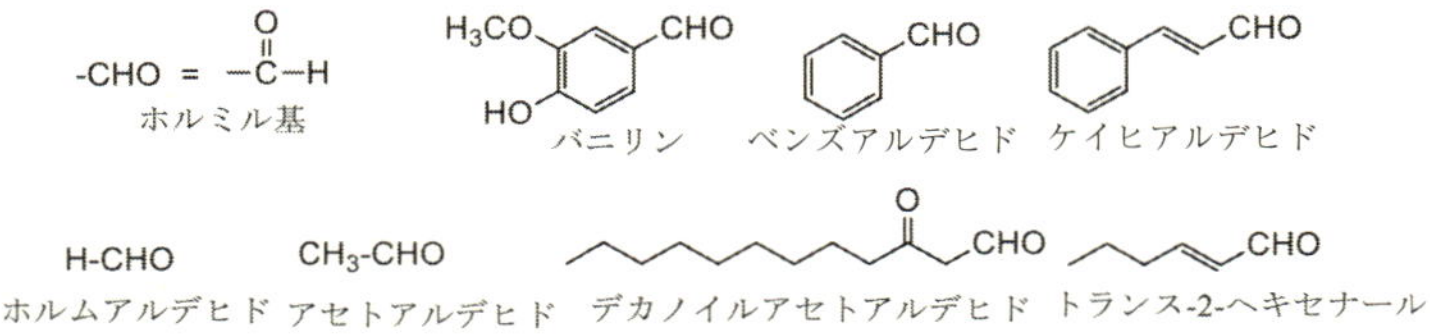

図２－11　ホルミル基は、その結合する構造により有益なグループとしても、有害なグループとしても働く。

この違いは、ホルミル基に隣接する構造が大きく影響していると考えられている（図２－11）。すなわち、バニリン、ベンズアルデヒド、ケイヒアルデヒドなどでは、ホルミル基がベンゼン環に直接、あるいは、ベンゼン環に隣接した二重結合と隣り合って存在しており、化学的にも比較的安定である。ホルムアルデヒド、アセトアルデヒド、デカノイルアセトアルデヒド、トランス－２－ヘキセナール等の有害な成分では、ホルミル基の隣に水素やアルキル基が隣接し、二重結合が隣接している例もあるが、ベンゼン環の関与がない。ベンゼン環の存在が人体に対する化合物の有用性に大きく関与していることが推察される。

このように、有機化合物では、ちょっとした構造の違いが、その化合物の生物に対する生理活性に大きく影響する。ただ、従来は悪臭とも考えられる成分を含むパクチーが、一部の人たちには食欲をそそる食品としてブームになっていることに、味覚に対する人間のあくなきチャレンジに驚くとともに、香りに対する感受性の個人差の大きさも興味深い。辛い、苦い、渋い味や異臭は、もともとは、ヒトに対する植物からの「食べないほうが良いよ」という警告信号であったと考えられているが、人間がこれを克服し、嗜好の一つとして受け入れている例がしばしば見られる。

コラム6　有機化合物の三次元構造

我々の生活する空間は三次元の世界である。身の回りにあるものはすべて立体として認識される。じつは、有機化合物の分子もほとんどのものが立体の形で存在している。

有機化合物とは、炭素骨格を持ち、水素や酸素、窒素などを含む化合物群である。ベンゼンのような一部の化合物は平面で立体的な姿をしていないが、多くの有機化合物は三次元構造の概念で思考する必要がある。

メタンのような飽和炭素原子は結合の手が４本あり、各結合角度は１０９度でお互いに同じ位置関係にある。炭素の４本の手に結合している原子あるいはグループが異なっているとき、中心の炭素は不斉炭素となり、４つの異なる結合グループの結合の並び方で２つの異なる化合物が存在することになる。お互いを光学異性体と呼んでいたが、あいまいさがあるということから、ＩＵＰＡＣ（国際純正・応用化学連合）のエナンチオマー（enantiomer）と呼ぶべきであるとの勧告により、光学異性体の呼び方は用いなくなっている。エナンチオマーを日本語では鏡像異性体と呼ぶが、ここではエナンチオマーを用いる。

エナンチオマーの例としてアミノ酸であるアラニンの場合を図２－12ａに示す。炭素

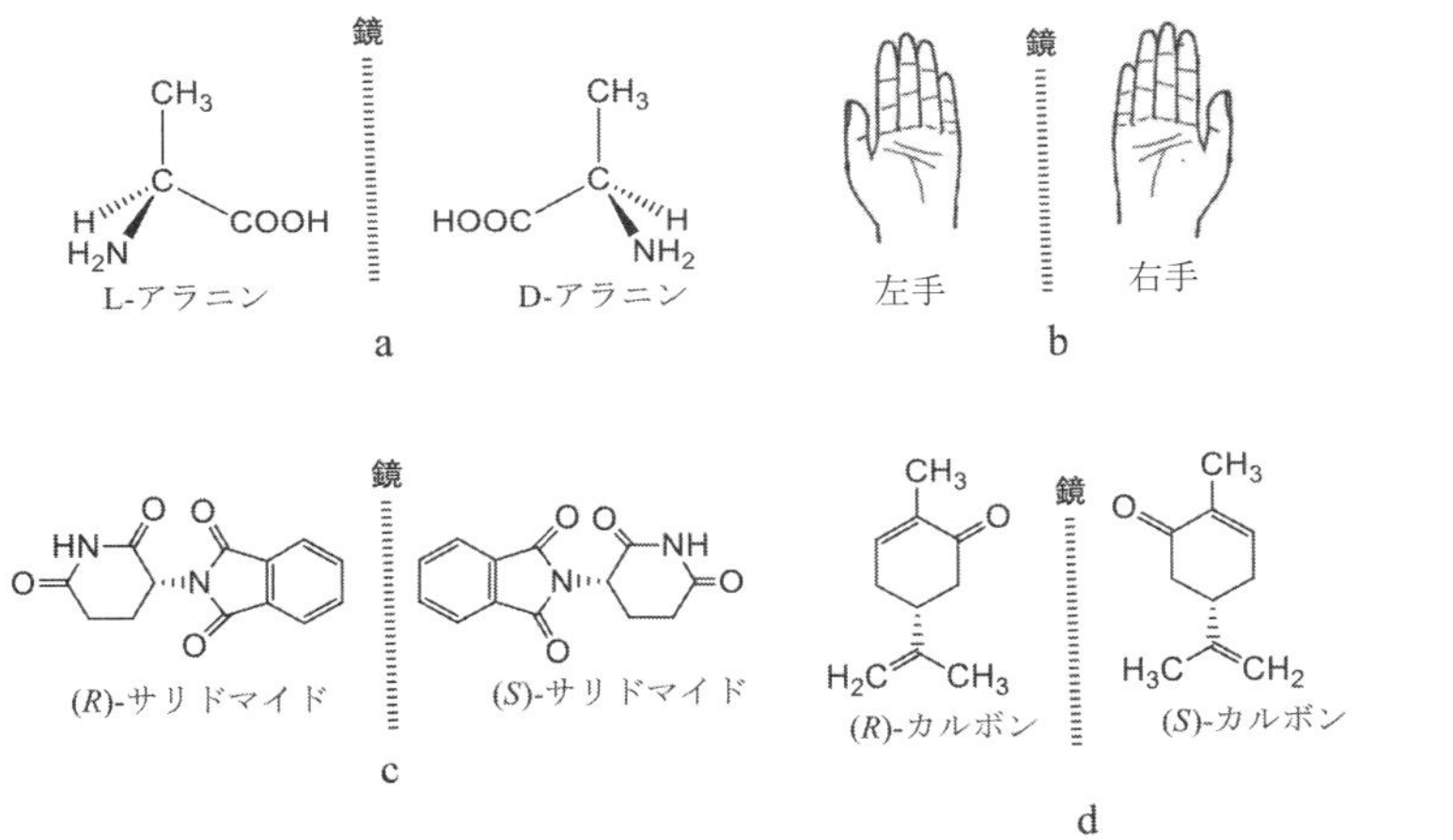

図2-12　鏡像異性体（エナンチオマー）は化学的に区別できないが、生体物質であるタンパク質受容体はこれを厳しく区別するため、エナンチオマーの生理活性は異なる。

に結合する4つのグループ、メチル基（CH_3）、カルボキシル基（COOH）、アミノ基（NH_2）、水素（H）が異なるため、中心の炭素は不斉炭素となる。この場合、結合の順番がずれると、DとLの2つの構造が存在することになる。DとLはお互いに実像と、鏡に映した虚像の関係、つまりD-アラニンとL-アラニンはちょうど**図2-12b**に示したように右手と左手の関係になる。このような三次元構造の違いにより、お互いに異なる化合物として区別される有機化合物をエナンチオマーと呼ぶ。

　コラム1でも述べたように、

我々地球上の生物では、その原因はわかっていないが、タンパク質を構成するアミノ酸はすべてL－アミノ酸が用いられている。アミノ酸だけでなく糖類も一方のエナンチオマーのみを用いている。そのため、我々の体は、体内に入ってくるいろいろな有機化合物のエナンチオマーを厳しく識別し反応する。アミノ酸および糖のエナンチオマーを表記するためにはDとLを用いるが、その他の有機化合物の場合は、*R*と*S*で表記するのが普通である。エナンチオマーの表記法は専門的になるのでこれ以上は述べない。

サリドマイド薬害の悲劇

エナンチオマーによる薬害問題として、サリドマイドの話が有名である。サリドマイドは、1960年代に非常に優れた鎮静剤として発売され、世界中で多くの妊婦のつわりの治療に用いられた。その後、世界中で多くの障害のある子どもが生まれ、その原因がサリドマイドの服用であることが明らかになった。サリドマイドの分子構造中には不斉炭素が存在するため、サリドマイドには、お互いに実像と虚像の関係の2つのエナンチオマー、(*R*)－サリドマイドと(*S*)－サリドマイド(**図2－12c**)が存在することになる。このうち(*R*)－サリドマイドが求められる薬効を持ち、他方の(*S*)－サリドマイドが催奇形性を持っていることが明らかになった。

当時の合成技術では、この2つを区別して合成(不斉合成)する技術は低く、サリドマイドはこの2つの等量混合物であるラセミ体として製造され市販されていた。このような薬害の後、エナンチオマーが生物に対して異なる生理作用を持っていることは常識となり、今では有機合成技術の格段の進歩により、エナンチオマーである医薬品は不斉合成により薬効がある目的のエナンチオマーを合成して供給することが当たり前となっている。

サリドマイドの被害は多くの国で発生したが、アメリカでは、FDA（アメリカ食品医薬品局）の審査官がサリドマイドの科学文献からその問題点を察知して販売許可を出さなかったため、薬害が起こらなかったことは有名な話である。

我々人間の臭覚や味覚では、L-アミノ酸で構成されるタンパク質がその受容体として働いているため、鍵である物質と鍵穴である受容体間の鍵と鍵穴の関係はエナンチオマーを厳しく識別している。たとえば、(*R*)-カルボンはスペアミントの香りが、(*S*)-カルボンはキャラウェイの香りがすることが知られている（**図2-12d**）。また、L-グルタミン酸には旨味があるが、D-グルタミン酸には旨味がなく苦味があり、L-アスパラギン酸は苦く、D-アスパラギン酸は甘い。

第3章　発生、分化、成長と植物ホルモン

植物ホルモンの役割

植物はいかにして発生、発芽、成長、器官分化などの形態形成、生殖、繁殖などの生理現象をうまく進めていくのかについて、昔はほとんどわかっていなかった。植物自身が生産する微量成分の関与は知られていたが、植物に含まれるそれらの生理活性物質が極微量であるために、その実体は長い間謎のままだった。多くの先人による精力的な研究や分離・分析技術等の方法論の驚異的な進歩により、近年になって植物ホルモンと定義される生理活性物質が次々と明らかになってきた。

我々動物の体の中で働いているホルモンは、特定の器官で合成され、特定の分泌器官から放出され、血流などを経由して離れた特定の器官の受容体に結合しシグナルとして伝えられ、繊細な生理現象を引き出している。一方、植物ホルモンはすべての細胞で合成され放出されるが、特別な分泌器官は持

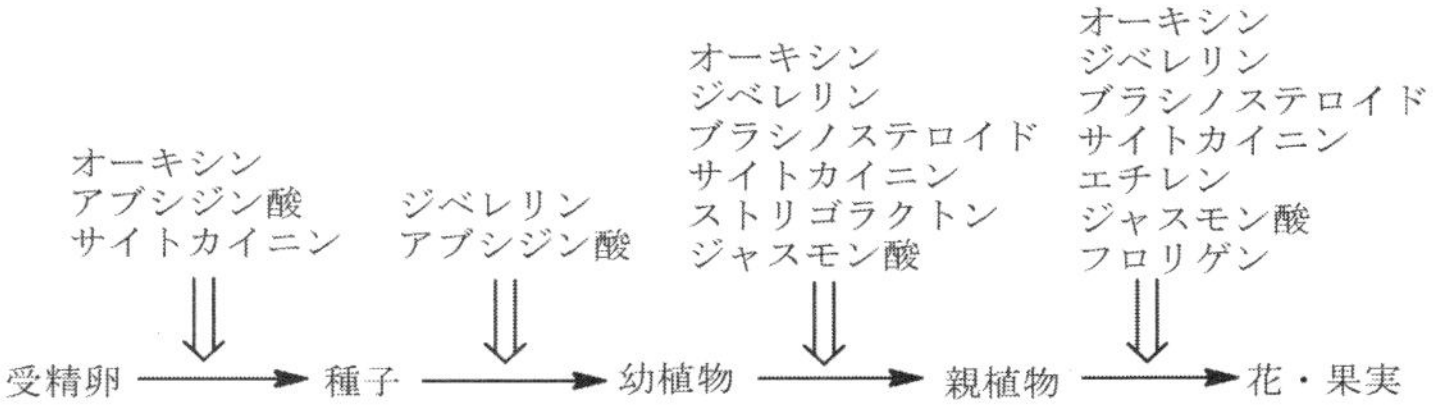

図３－１　植物の発生、発芽、成長、繁殖の過程で、各種植物ホルモンが共同してそれぞれの役割を果たすことにより植物の成長と繁殖が維持されている。

っていないし血管のような輸送器官もない。

植物ホルモンは「植物の細胞により生産され、低濃度で植物の生理作用を調節する物質」と定義され、植物独特のものである。これは比較的単純な構造のものが多く、植物に対して微量で強い生理活性を有しており、発芽から成長、繁殖、老化の過程で起こる複雑な生理現象を見事にコントロールしている。現在までにオーキシン、サイトカイニン、エチレン、ジベレリン、アブシジン酸、ブラシノステロイド、ジャスモン酸、ストリゴラクトンの８種類の植物ホルモンが認知されている。

これら植物ホルモン以外に、ペプチド性シグナル物質も知られており、その中には、開花に関わる花成ホルモン（フロリゲン）といわれるものが最近明らかになって話題になっている。

これら植物ホルモンの生理作用の発現機構解明の研究が盛んに行われ、多くの植物ホルモンの受容体タンパク質の解明も進んでおり、植物ホルモンによる生理現象のコントロールのメカニズムはタンパク質レベル、遺伝子レベルでの説明が可能になっている。たとえば植物の受精後の種子形成、発芽、成長、繁殖の各ステップにおいて、**図３－**

1に示すように植物ホルモンが働いている。

また、光や水分、気温などの環境からの刺激、さらに、食害や病原菌の感染等のストレスを受け、これに応答する仕組みを備えているが、それぞれの刺激やストレスに対しても**図3-2**に示すように植物ホルモンが応答して対処している。

以下に、植物の生理現象を司る植物ホルモンについて述べていこう。

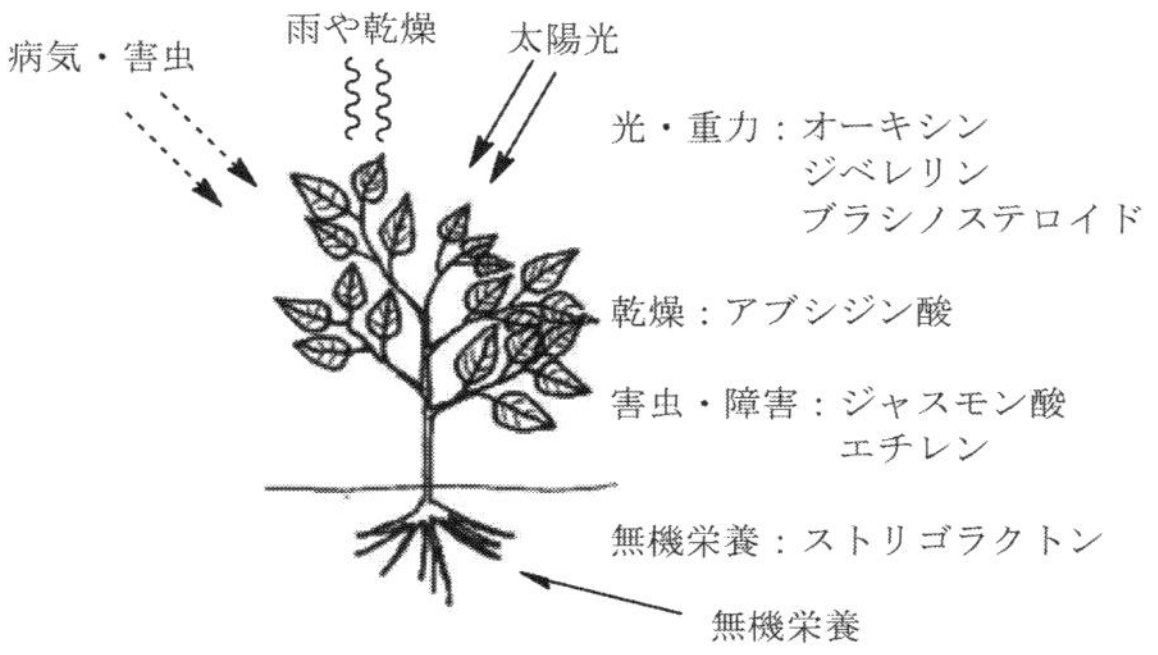

図3-2　植物は環境からの感染、食害、気温、乾燥、光などの環境因子にさらされており、これらのストレスに対応するために植物ホルモンが働いている。

オーキシン——ダーウィンから始まった研究

1880年、進化論で有名なチャールズ・ダーウィンと息子のフランシス・ダーウィン親子は、オートムギの芽生え（幼葉鞘《ようようしょう》）が光に反応し光の方向に曲がる屈光性という現象を明らかにする実験を行っている（**図3-3a**）。さらに、幼葉鞘の先端を覆い光が当たらなくするとこの現象は起こらず（**図3-3b**）、先端部より下の部分を覆って光をさえぎっても屈光現象が起こることを明らかにしている（**図3-3c**）。このことから、光は先端部で感受され、何らかの影響

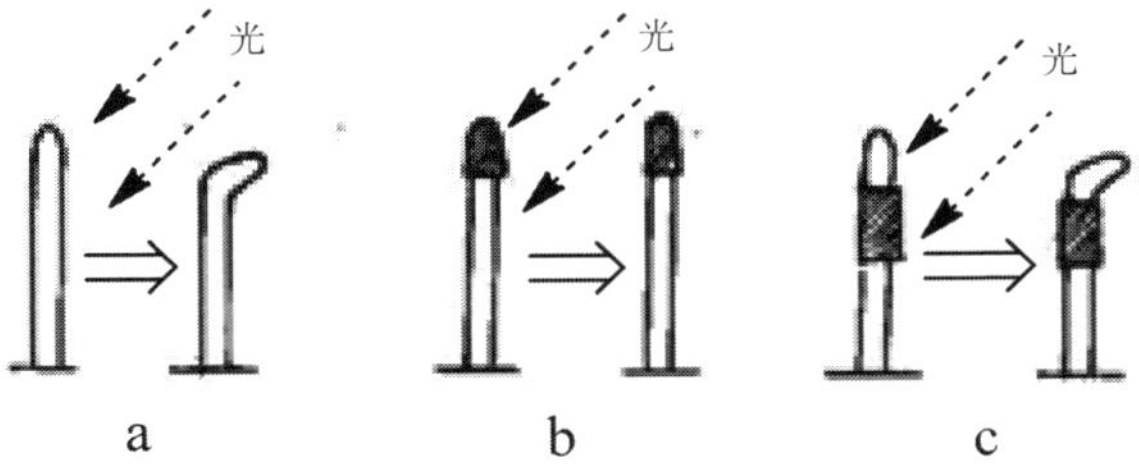

図３－３　ダーウィン親子のオートムギの芽生えに対する屈光性に関する実験が、オーキシン発見のきっかけとなった。

力が下部の伸長領域に伝えられ屈曲現象が起こるものと考えられていたが、その後、屈光性に関与する物質の存在が多くの科学者により示唆された。１９３１年、オランダのケーグルにより、屈光性を示す物質が偶然人尿から分離され、オーキシンと命名された。

紆余曲折はあったが、最終的にオーキシンはインドール酢酸（ＩＡＡ）であることが明らかになり、その後酵母やカビからＩＡＡが分離されたが、高等植物からＩＡＡが最初に確認されたのは１９４６年に未熟トウモロコシの種子から分離されたのが初めてである。植物ホルモンは活性が高いため、植物に含まれている量が極微量であり、その分析が困難で高等植物からの発見が遅れることになった。

ＩＡＡは、その構造からアミノ酸であるトリプトファンから生合成されるものと考えられ、複数の生合成経路が考えられていた。こんな簡単な構造を持つオーキシンの生合成経路のすべては明らかになっていなかったが、最近Ｌ－トリプトファンからインドール－３－ピルビン酸を経由しＩＡＡが生

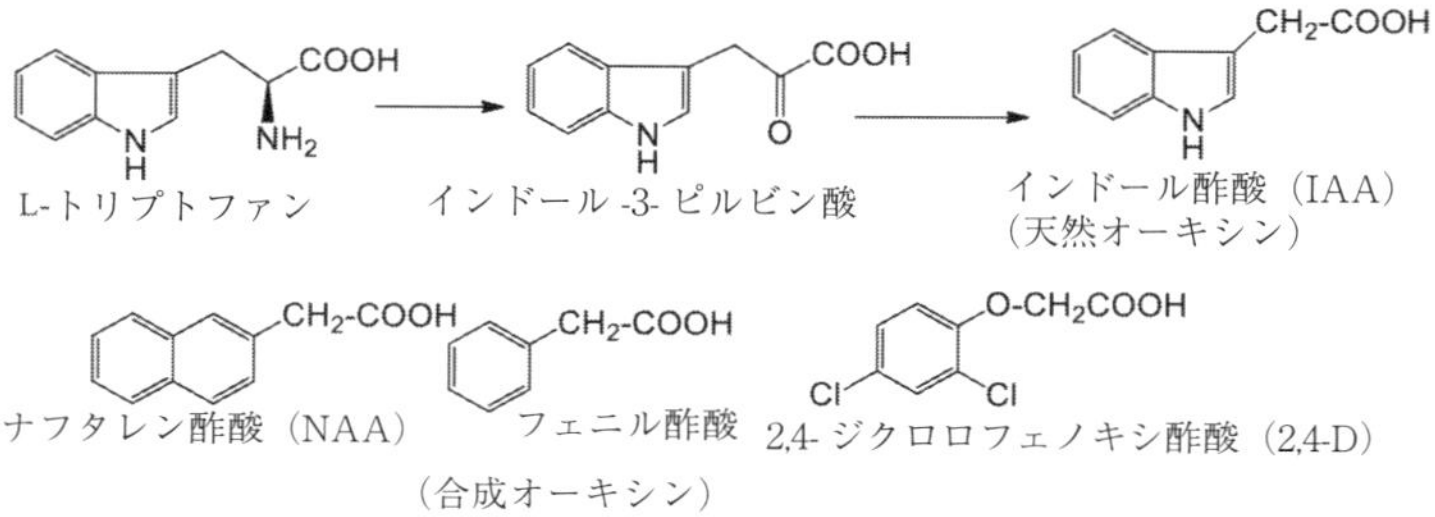

図３－４　屈光性に関与する物質として、天然オーキシンであるインドール酢酸が発見され、合成オーキシンとしてナフタレン酢酸やフェニル酢酸、2,4-Dが開発され利用されている。

合成する経路が明らかになった（**図３－４**）。合成オーキシンとしては、ナフタレン酢酸、フェニル酢酸、2,4－ジクロロフェノキシ酢酸（2,4-D）などが知られている。

特に、2,4-Dは強いオーキシン活性を有しており、強力な除草剤としても知られている。ベトナム戦争のとき、アメリカ軍はベトコンの隠れ場所である密林をあらわにするため、大掛かりな枯葉作戦を展開し、大量の2,4-Dを散布した。その製造過程で不純物として混入していたダイオキシン類により、重篤な先天性の障害を持つ多数の子どもが生まれたという悲惨な結果は有名である。

オーキシンは、植物の発生過程、成長や形態形成の制御において中心的に働いている。植物ホルモンとして最初に発見されたもので、植物の生理現象に最も広く関わっている。天然オーキシンと合成オーキシンは部分構造として、共通してカルボキシメチルグループ（$-CH_2-COOH$）を持っており、活性発現に重要な構造であることがわかる。

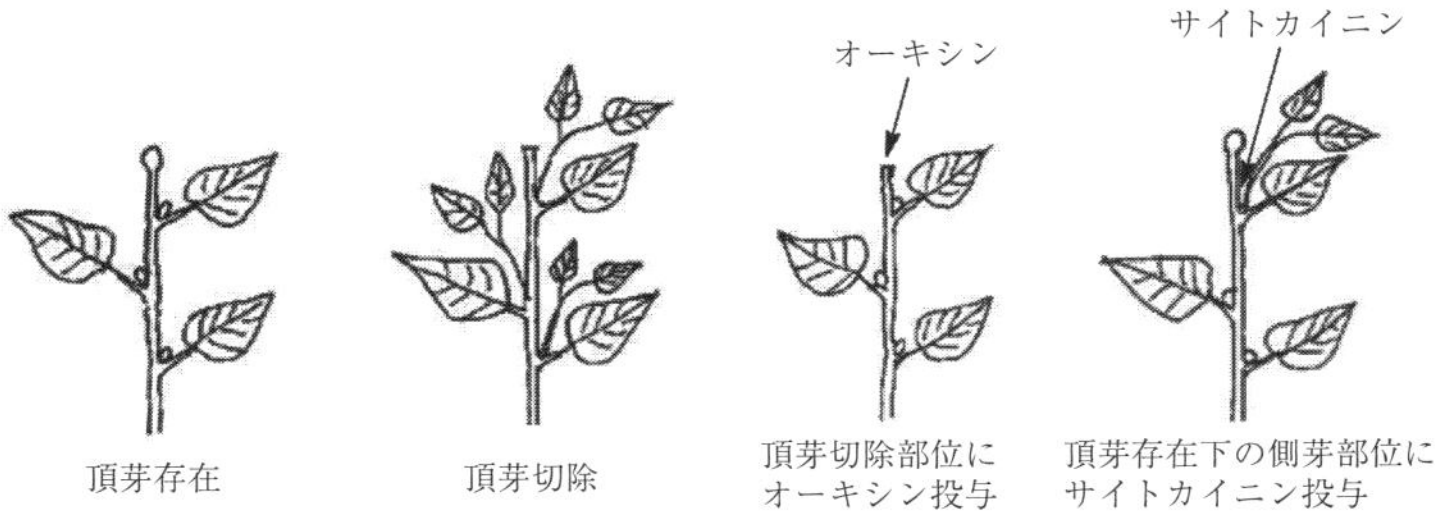

図3－5　頂芽優勢はオーキシンの最もよく知られた生理作用で、キュウリなどの頂芽を切除し、側芽の伸長を誘導するなど農業の領域でもごく普通に利用されている。

◎頂芽優勢など多彩な生理作用

オーキシンは、主として植物に対して伸長成長作用を有する植物ホルモンで、植物の成長に対して最も重要な生理作用を持っている。代表的な生理作用として、胚発生、軸形成、細胞の伸長成長、器官形成、屈性などがある。特に一般に知られている現象は、植物が太陽の方向を向く屈光性や、根が重力を感じて地中に下がっていく屈地性などだ。

オーキシンの重要な生理現象の一つとして頂芽優勢《ちょうが》が知られている。植物は、先端の芽（頂芽）が存在するときは、上へ上へと伸び続け、側芽の成長は抑えられているが、頂芽を取り除くと、側芽が伸長してくる。頂芽をカットして取り除いても、その切り口にオーキシンを投与すると頂芽優勢が維持され側芽は伸びない。また、頂芽がそのままでも、側芽にサイトカイニンを投与すると、その側芽が伸長してくる（**図3－5**）。これは頂芽で合成されたオーキシンが下降し、側芽でサイトカイニンによる側芽伸長作用を阻害するためと考えられている。

オーキシンは、次に述べるサイトカイニンと同時に、適当な濃度比率で植物切片の組織培養系に投与することにより、脱分化した細胞であるカルスへの誘導や、カルスから根、茎、葉などの器官を分化誘導すること（再分化）が可能で、植物の組織培養実験で広く応用されている。オーキシンは植物の発生と成長過程におけるあらゆる局面で多彩な生理作用を発揮しているため、植物ホルモンの中で、最も基本的機能を持った、植物ホルモンの代表選手と考えられている。その代表的な促進作用と阻害作用は次の通りだ。

促進作用：頂芽の成長、茎や根の維管束の形成、果実の成長、茎の伸長成長、発根、根の伸長成長、屈光性、屈地性

阻害作用：器官脱離抑制、側芽の成長抑制

サイトカイニン——植物の老化を防止する

植物組織に傷をつけると、傷口で細胞増殖が起こり細胞の塊（カルス）が誘導される。カルスはそのままでは増殖を無限に誘導することはできないが、オーキシンの投与により、その増殖を維持できることが解明されている。アメリカのF・K・スクーグ等は、ニシンの精子（白子）由来のＤＮＡからタバコ髄カルスを増殖させる物質としてカイネチンと称する物質を単離した。オーキシンにカイネチンを適当な比率で投与すると、カルスから茎や葉および根を再分化させられることが明らかになった。

カイネチンの化学構造は、６‐フルフリルアミノプリンであることがわかり、その後、同様の作用

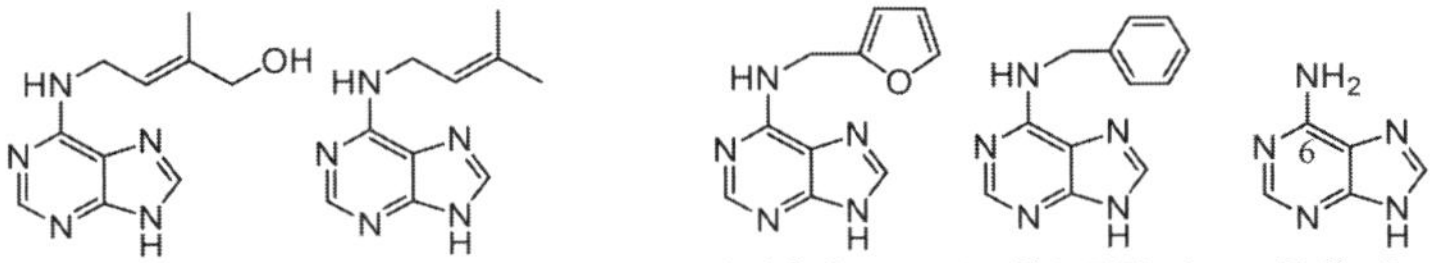

ゼアチン　イソペンテニルアデニン　カイネチン　ベンジルアデニン　アデニン

天然サイトカイニン　非天然サイトカイニン

図3-6　サイトカイニン作用を示す物質としてニシンの精子からカイネチンが分離されたが、天然サイトカイニンとしてトウモロコシの未熟種子からゼアチンが得られた。

を示す物質が1964年にトウモロコシの未熟種子から単離されゼアチンと命名された。さらに、植物中で働き同様な生理活性を持つイソペンテニルアデニンが分離されている。

これらは、オーキシンとは異なる生理活性を示すグループとして、サイトカイニンと呼ばれるようになった。これらサイトカイニンは共通して、核酸塩基であるプリン骨格を持つアデニンを基本構造として持っている。天然のサイトカイニンであるゼアチン、イソペンテニルアデニンも、非天然サイトカイニンであるカイネチン、ベンジルアデニンもともに、共通して、アデニンの6位のアミノ基に小さな置換基が結合した構造を持っている（**図3-6**）。

サイトカイニンは茎葉の分化や細胞分裂の促進作用があり、特に頂芽優勢の制御においては、オーキシンと拮抗的に働いており、農業上も有益な生理作用を持っている。蔓《つる》性のキュウリ等の作物や果樹の栽培で、適当な時期に茎頂を取り除くことにより側芽を繁茂させ、作物の収穫を促進することがしばしば行われる。また、サイトカイニンは加齢抑制作用や葉緑体分化促進作用を持ち、サ

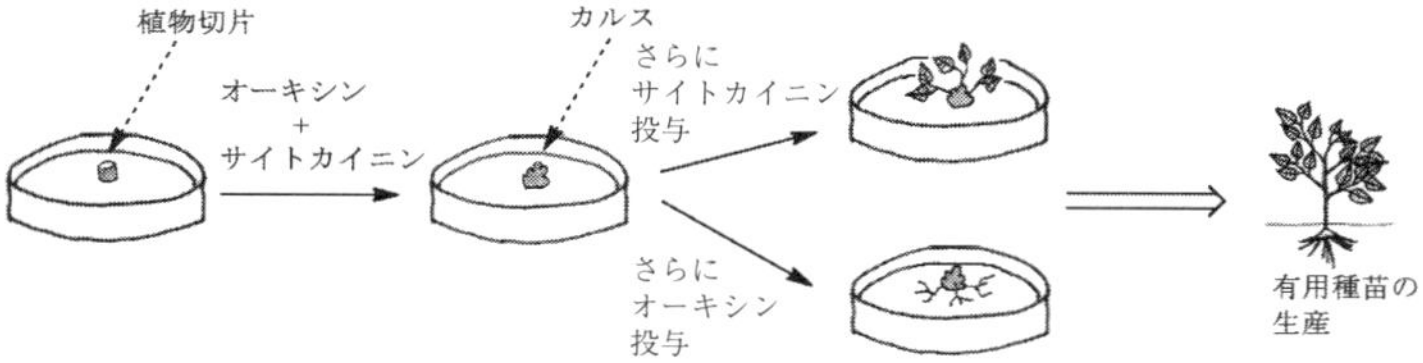

図３−７　オーキシンとサイトカイニン添加により誘導されたカルスに、さらにサイトカイニンの添加で茎葉が誘導、オーキシンの添加で根が誘導される。これら植物ホルモンの利用で、組織培養で種苗の生産が可能である。

イトカイニンを過剰に発現させた植物では、老化が抑えられ長持ちすることが知られており、これらの作用を利用し、切り花等を長持ちさせる商品の開発も行われている。

先にも述べたが、サイトカイニンは、オーキシンと適当な濃度比率でともに用いることにより、脱分化した細胞であるカルスの誘導や、カルスから器官への再分化を行うことができ、植物の組織培養実験に広く用いられている。たとえばタバコの茎を用いた場合、オーキシンとサイトカイニンの中程度の濃度の培地で植物組織を培養すると、不定形の脱分化細胞であるカルスを誘導できる。このカルスは、適当な栄養を含む培地で、継代培養が可能である。

このカルスにさらにサイトカイニンを加えることにより茎や葉の誘導が、オーキシンを加えることにより根の誘導が可能である。このように、脱分化した細胞であるカルスから植物体を再分化することができる（**図３−７**）。植物によりオーキシンとサイトカイニンの濃度比は異なるが、両植物ホルモンを適当な比率で用いることにより、ほとんどの植物で脱分化と再分化を自在に行うことが可能である。そのため、オーキシンとサイトカイニンをいろいろな濃度比で作用させる植物組織培養により有用植物の種苗《しゅびょう》の生産が行われている。

エチレン――野菜・果実の鮮度を操る

エチレンは、炭素原子2個と水素原子4個からなる有機化合物として非常に単純な構造を持つアルケン誘導体で、さまざまな樹脂工業製品の原料となっているため、世界中の石油化学工業で大量に製造されている。こんな簡単な化学構造で、しかも非常に一般的な有機化合物であるエチレンが植物ホルモンとして多彩な生理活性を有することは驚きである。

1900年代初頭、イギリス・ロンドンのガス灯の周りの樹木が盛んに落葉することや、化石燃料を用いた温室などの暖房により植物の成長や登熟、さらには老化の促進による弊害といった現象が知られていた。1934年、R・ゲーンは多数のリンゴから発散する気体を大量に集め、その中から分離した物質が非常に単純な構造を有するエチレンであることを明らかにするとともに、植物がエチレンを生成していることを初めて証明した。

エチレンは、植物に対して多彩な生理活性を持つ最も小さな有機化合物の一つと考えることができる。カリフォルニアの果樹栽培において、レモンの人工成熟にエチレンが有効であることが明らかになったことを契機に、多くの果実の成熟に微量のエチレンが有効であることがわかり、現在では農業の現場で広く利用されている。

エチレンは果実の追熟の制御に関わっており、果実の肥大や細胞壁の軟化を進めることで、果実を柔らかくするとともに、果糖などの蓄積や渋み成分の分解を促進することで果実をおいしく登熟させる作用がある。そのため、輸送等の際の品質の劣化を防ぐ目的で、完熟前に収穫した果物を輸送し、目的地に到着後エチレンを用いて数日間追熟してから商品として出荷することが普通に行われている。追熟や渋抜きには、エチレンガスを盛んに発散するリンゴと一緒にビニール袋で保存する方法や、弱いエチレン作用のあるアルコール飲料である焼酎等を未熟な柿のヘタに塗って保存することがしばしば行われる。渋抜き専用の焼酎が市販されているほどである。

また最も身近な例はバナナだ。我が国ではバナナは害虫侵入の防疫上の問題から成熟したものは輸入が禁止されているうえ、傷みやすいので青い未熟な状態で収穫され輸入された後、国内で室《むろ》に保存してエチレンガスにさらし、温度コントロールのもと追熟が行われ、よく見る黄色いバナナとして市場に出される。

エチレンは植物の老化にも関与しており、サイトカイニンに対して拮抗的に働いて、離層形成を促進し、その結果、落葉や果実の落果にも深く関わっている。また、外部からのストレスや障害に抵抗するために、ジャスモン酸（後述）等の他の植物ホルモンと共同して外敵に対抗し生体防御に大きく貢献している。また、エチレンは種子の発芽にも促進的に働いている。このように多彩な生理活性が、これほど簡単な構造を持つエチレンのどこに潜んでいるのか驚きである。

エチレンは、**図3－8**に示すように硫黄を含有するアミノ酸であるメチオニンから数工程を経て植

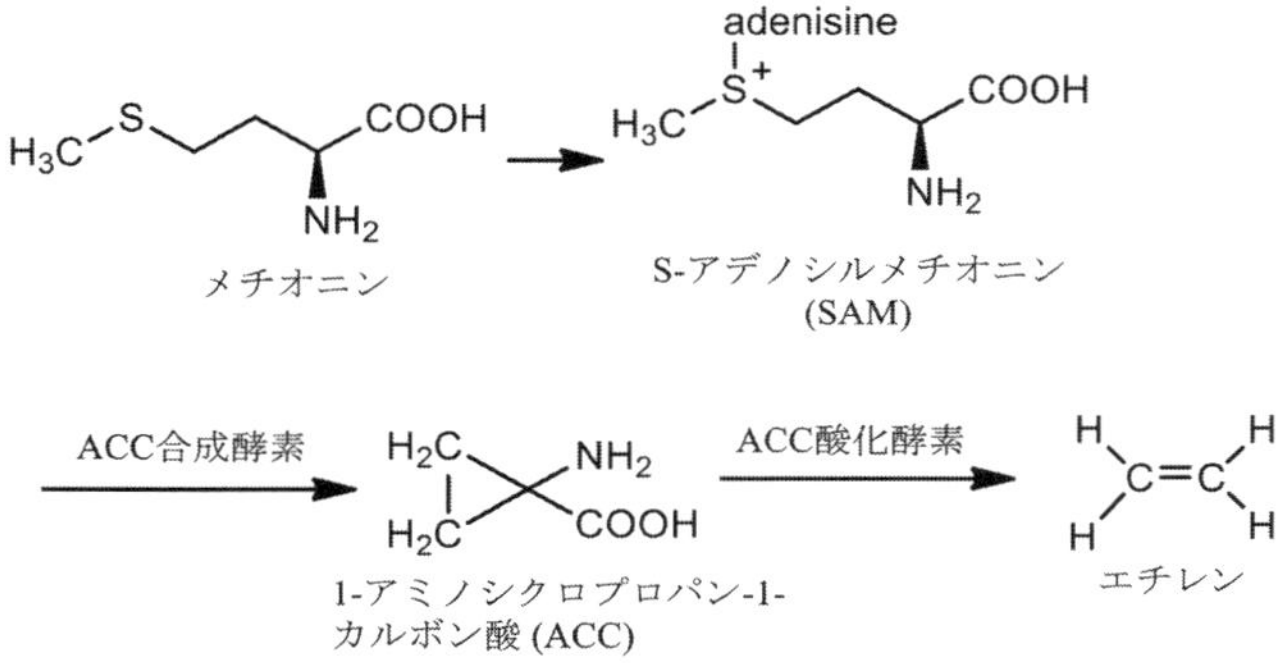

図３-８　エチレンは、含硫アミノ酸であるメチオニンから、比較的短い経路で生合成される。特に３員環を持つ ACC が重要な中間体として知られている。

物体内で生合成される。その生合成の中間体として１-アミノシクロプロパン-１-カルボン酸（ＡＣＣ）が知られているが、Ｓ-アデノシルメチオニン（ＳＡＭ）からＡＣＣを合成する反応はエチレン生合成の律速段階であるため、ＡＣＣ合成酵素の遺伝子発現コントロールはエチレンの活性発現に重要な役割を担っている。

　エチレンの主な作用が植物の成熟と老化であるため、このことを意識した農業や生活上の次のような利用が行われている。たとえば、トマトの成熟時期を揃え、収穫時期を調節する。パイナップル畑ではエチレン発生剤をまいて開花を促進し、周年収穫を可能とする。またスイセンやクロッカス等の球根は、エチレン処理により休眠打破を促し開花を早めている。

　逆に、エチレン生成を抑制する物質処理により、切り花の鮮度や青果物の鮮度の保持に役立っている。冷蔵庫の野菜室にいろいろな野菜や果物が貯蔵されていると、エチレンが放出されて鮮度が下がるため、エチレン吸収剤やエチレン分解剤などを野菜室に入れることにより野菜や果物の日持ちを良くすることは最近の冷蔵庫ではよく行われている。このように、エチレンの多彩な生理作用が解明されることにより、エチレン作用やその抑制の利用が身近で行われている。

ジベレリン——日本人科学者が解明に貢献

古くから、農業関係者の間で馬鹿苗《ばかなえ》病といわれるイネの病気が知られており、稲作に大きな被害をもたらすものとして問題になっていた。この病気にかかったイネは背丈が異常に伸び、葉の緑が失われ稲穂をつけることなく枯れてしまう。この病気は多くの研究者の興味を引いていた。

当時日本の統治下にあった台湾では特に深刻な稲作被害が起こっていた。1898年、台湾の農事試験場の技師である堀正太郎により、その原因微生物はイネ馬鹿苗病菌ジベレラ・フジクロイ(*Gibberella fujikuroi*)であることが明らかにされた。そして1919年、同試験場の弱冠25歳の研究者黒沢英一により、その原因物質はイネ馬鹿苗病菌が産生する物質であることが明らかになった。

その物質の化学構造の解明が藪田貞治郎、住木諭介らにより精力的に行われ、結晶として取り出すことに成功し、馬鹿苗病菌の学名にちなんでジベレリンと命名された。しかし当時の研究のレベルでは、化学構造決定は困難な作業で解明には至らなかった。その後、第二次世界大戦に突入し研究は中断してしまった。終戦後に研究が再開されたが、残念ながら敗戦国の我が国の研究体制は欧米にはるかに劣っており、最終的にイギリスの研究者により正しい化学構造は決定された。

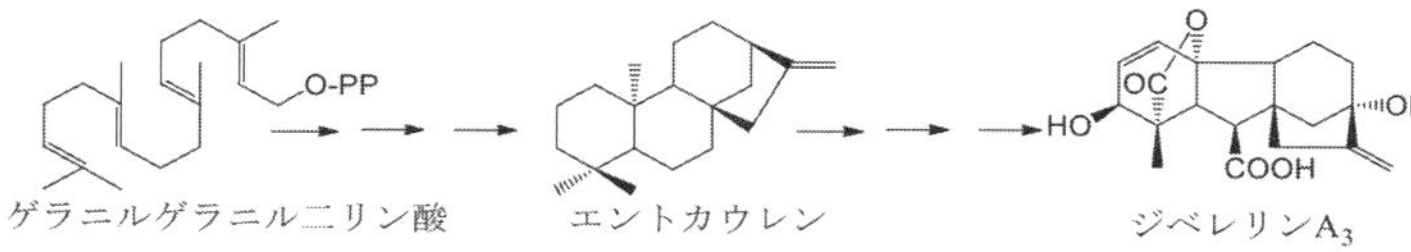

図3－9　ジテルペン誘導体であるジベレリンは、ゲラニルゲラニル二リン酸からエントカウレンを経由し、多くの酸化反応により生合成される。

その後、多くのジベレリン誘導体がイネ馬鹿苗病菌の培養液から分離されている。１９５８年には高等植物であるベニバナインゲンから、１９５９年にはウンシュウミカンからジベレリンA_1が分離され、ジベレリンは植物自身によっても生合成され植物ホルモンとして機能していることが明らかになった。さらに、植物からのジベレリンの探索研究が進められ、多くの植物からジベレリン誘導体が分離構造決定され、その数は今では１３０を超えている。ジベレリン分野の研究においては、その発見の糸口から今日まで、大事なポイントで多くの日本の科学者が貢献している。終戦直後のジベレリンの構造決定で後塵を拝した悔しさをふり払うような日本人科学者の健闘ぶりである。

ジベレリンは炭素数20のジテルペン誘導体で比較的複雑な化学構造を持った化合物である。**図３－９**に示すように、ゲラニルゲラニル二リン酸といわれる炭素数20の鎖状化合物からエントカウレン中間体を経由し十数段階の酸化反応等を経由して生合成される。

◎ジベレリンの農業利用

ジベレリンは、植物に対して伸長成長促進作用、休眠打破や単為結実、発芽促進作用、花芽形成や開花促進作用、加水分解酵素の活性化など多彩な生理活性を有する植物ホルモンで、その生理活性は農業においてもいろいろな場面で実用化されている。以下にその例を述べる。

・伸長成長の促進作用

植物の茎の伸長を著しく促進する作用を有しており、オーキシンの伸長作用とは異なるメカニズムで作用している。ジベレリンの生合成を抑えた植物は、伸長作用が抑制され背丈の小さな矮性《わいせい》植物になり、日本のような狭い住環境に適した小型の品種として製品化されている。馬鹿苗病に感染したイネの背丈が極端に伸びるのは、まさにジベレリンの作用である。

・休眠打破作用

生育に適さない季節や環境で発芽すれば発芽した植物は枯れてしまうため、種子の発芽時期はコントロールされている。ジベレリンは、後述するアブシジン酸と拮抗的に働き発芽時期を決定している。気温、水、光など発芽の最適条件が整うと、種子中でジベレリンが盛んに合成され、細胞壁の軟化、貯蔵多糖やタンパク質の加水分解が起こり、発芽の条件が誘導され種子発芽が起こる。種の殻が固いなどの、発芽が困難な種子の発芽促進のために、ジベレリン処理を行ってから種子をまくこともある。

・単為結実促進作用

通常、植物の果実は受粉により実り果実の中には種子ができるが、果実を食べる人間にとっては邪魔である。そこで、受粉前の花をジベレリン処理することで受精が行われたとする情報を花に与え、

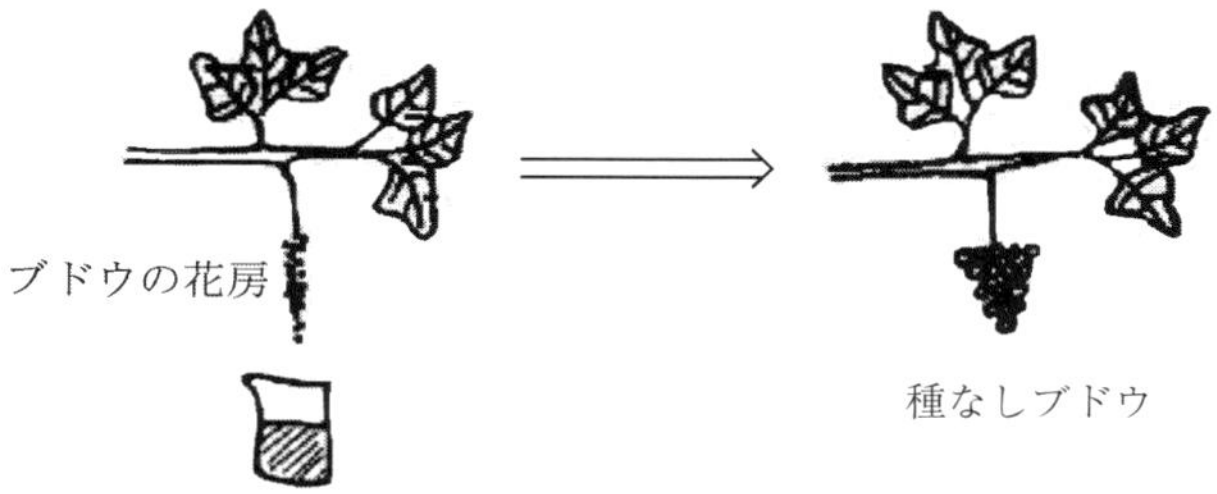

図３－10　ブドウの花房をジベレリン溶液に漬けることにより受精したとの情報が伝わり、子房が肥大し種なしブドウが実る。

受粉が行われなくても子房を肥大させ果実を成熟させる。この結果、種子を持たない果実が実ることになる。この生理作用は、デラウェアという品種の種なしブドウの生産に最初に応用され、現在は多くの種なしの果物の作出に利用されている（図３－10）。

・花芽形成の促進作用

高等植物の花芽形成のためには、適当な気温や日長を経過しなければならないが、ジベレリン処理によりこれらに関係なく花芽形成異を誘導することが可能となる。

以上のようにジベレリンは多彩な生理作用を持っており、農業利用されている。デラウェア、マスカット、巨峰、ピオーネなどのブドウの種なし化、果粒肥大促進、ネーブル、カキなどの落果防止、ミツバ、フキ、ウド、セロリなどの生育促進、ナスの着果増進、果実肥大、トマトの空洞化防止、チューリップ、シクラメン、サクラソウ、夏ギクなどの開花促進など、その用途は多岐にわたる。

一方、ジベレリンの生合成を抑えることによるメリットもあり、イネの登熟促進、倒伏軽減、ツツジ、シャクナゲ、キク、ポインセチアの伸長抑制、着蕾《ちゃくらい》数の増加、モモ、サクランボ、リンゴ、ウンシュウミカンの伸長抑制、シバの草丈抑制などに利用されている。

アブシジン酸——種子や芽の休眠、乾燥障害防御に働く

1950年以降、植物の発芽や成長を阻害する物質の存在が疑われるようになり、休眠の誘導や発芽を制御する生理活性物質の存在が明らかになった。その後、大熊和彦により220kgあまりのワタの未熟果実から9mgの落果促進物質が分離され、その化学構造が解明された。器官脱離（abscission）という言葉にちなんでアブシジンと命名された。

一方、イギリスのP・F・ウェアイングによる樹木の休眠誘導物質研究の過程で、成長阻害物質として分離されたドルミンがアブシジンと同一物質であることがわかり、名前の混乱を避けるため、協議の結果、1967年にアブシジン酸で統一された。

その後、落葉などの器官脱離現象の誘導にはエチレンが直接関与し、アブシジン酸の寄与は少ないことがわかっているが、葉の老化促進作用があることから、この作用が最終的に落葉にもつながるとの考えも出ている。アブシジン酸の生理作用には不明確な部分もあるが、基本的には植物の成長を抑える方向に働くとされ、以下のような興味深い生理活性が明らかになっている。

植物の葉の裏側に存在する気孔は、光合成に必要な二酸化炭素等の吸入口として重要な働きを持つ

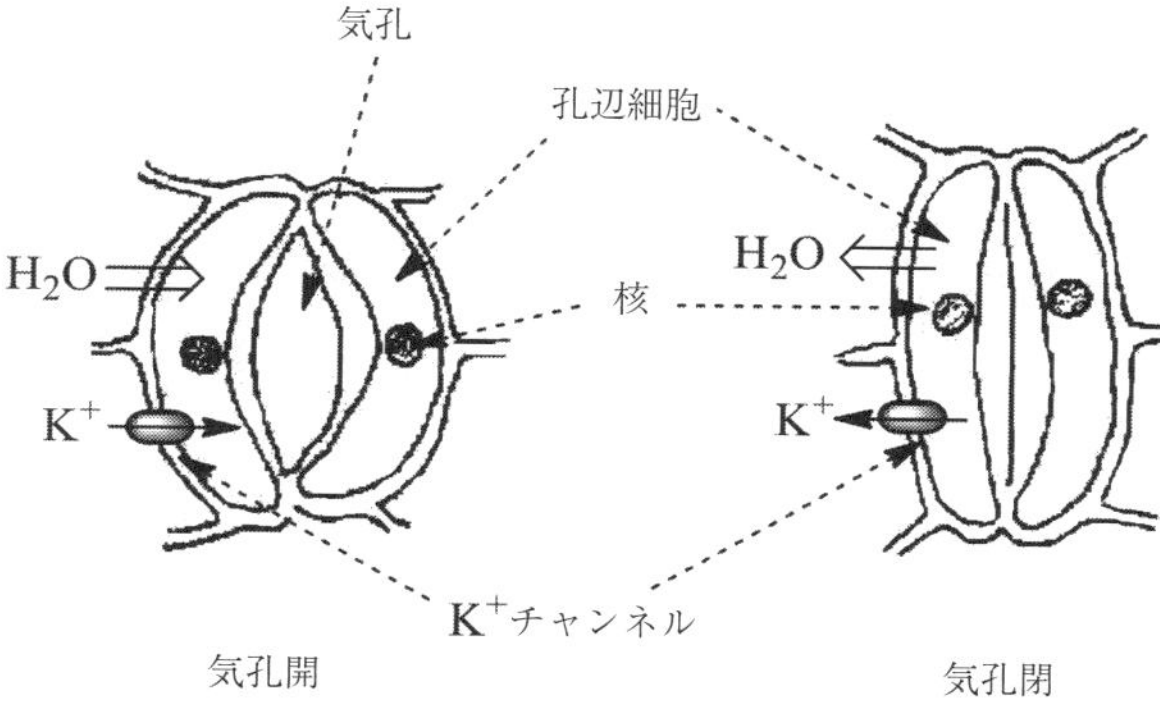

図３－11　アブシジン酸により孔辺細胞におけるカリウムイオンの移動がコントロールされ、これに伴い水の移動が起こり気孔の開閉が行われる。細胞内に水が移動すれば気孔は開く。

器官である。光合成が盛んに行われるとき、気孔が開き二酸化炭素を活発に取り込むが、同時に気孔から水の蒸散が起こり、水分が失われ続ければ植物は水不足にさらされることになるため、二酸化炭素の吸入と水分の蒸散をうまくコントロールする必要があり、ここでアブシジン酸が重要な働きをする（**図３－11**）。

気孔は２つの孔辺細胞で構成され、日中は光合成に必要な二酸化炭素を取り込むため孔辺細胞内にカリウムイオンが移動し、これに伴って水が細胞内に吸収され、細胞は高い膨圧を持ち気孔が開く。そして植物体内の水分が不足状態になると、アブシジン酸が働くことにより孔辺細胞内のカリウムイオンが排出され、これに伴い水も排出され、細胞の膨圧が下がることで気孔が閉じ、水分の無駄な蒸散が抑制される。このように、アブシジン酸は植物を乾燥障害から守る重要な働きを担っている。

また、アブシジン酸は、種子の休眠を誘導し、植物

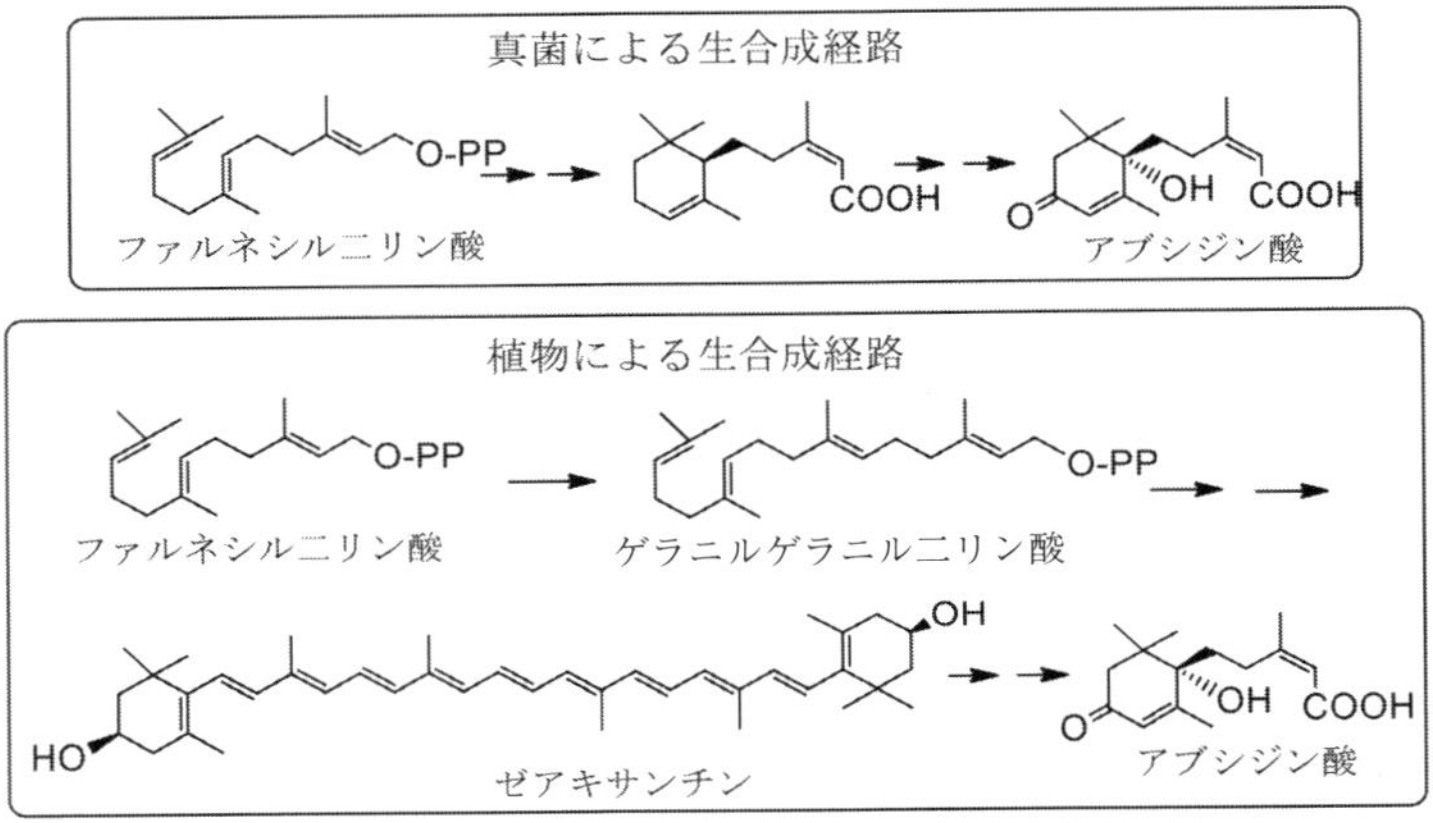

図3-12　アブシジン酸は植物だけでなく微生物によっても生合成され、その生合成経路は異なっている。植物は、カロテノイドを前駆物質として生合成を行っている。

の生育にとって不都合な季節や環境での種子の発芽や芽の発芽を抑制している。気温が上昇し、水の供給が十分になるなどの発芽に適した条件が整うと、種子中のアブシジン酸の生成が抑えられるとともに、発芽促進作用を持つジベレリンの合成と相まって、α-アミラーゼ等の酵素の活性が誘導され、種子の発芽が誘引される。

木本《もくほん》植物は、多くの場合、春から初夏にかけて翌年のための花芽が形成されるが、葉で生産されたアブシジン酸が花芽の休眠を誘導することで越冬し、適当な時期に花が咲くようにコントロールしている。

アブシジン酸は植物だけでなく微生物（真菌）によっても生合成されているが、興味あることに両者でその生合成経路は異なっている（**図3-12**）。真菌では、3つのプレニールユニット（炭素数5）から誘導される炭素数15のファルネシル二リン酸から環化し数段階の反応を経て直接合成される。

一方植物では、ファルネシル二リン酸にプレニールユニット1つが結合して誘導された炭素数20のゲラニルゲラニル二リン酸となり、二量化し一旦炭素数40のカロテノイドであるゼアキサンチンに誘導された後、開裂分解し数段階の反応を経て炭素数15のアブシジン酸が合成される。

真菌による生合成と比較すると、植物は複雑な回り道した合成を行っている。どうしてこのように複雑な生合成経路を用いているのか理由はわからないが、別な目的ですでに生合成され蓄積されているゼアキサンチンをそのまま流用してアブシジン酸を合成することで、むしろ省エネを行っているとの考え方もできる。

ブラシノステロイド——細胞伸長や維管束形成作用

1970年半ばアメリカ農務省のJ・W・ミッチェルらにより、セイヨウアブラナの花粉40kgから4mg、インゲンマメの節間を伸長する物質が分離された。その化学構造が決定されステロイドの仲間であることが明らかになり、アブラナの学名の属名 *Brassica* にちなんで、ブラシノライドと命名された。

また、植物に虫が寄生したときその部分の組織が異常に増殖して、虫こぶと呼ばれるものができるが、1982年に横田孝雄らによりクリの虫こぶからカスタステロンと称するステロイド誘導体が分離され、ブラシノライドと同様の作用があることが明らかになった。比較的新しい植物ホルモンであ

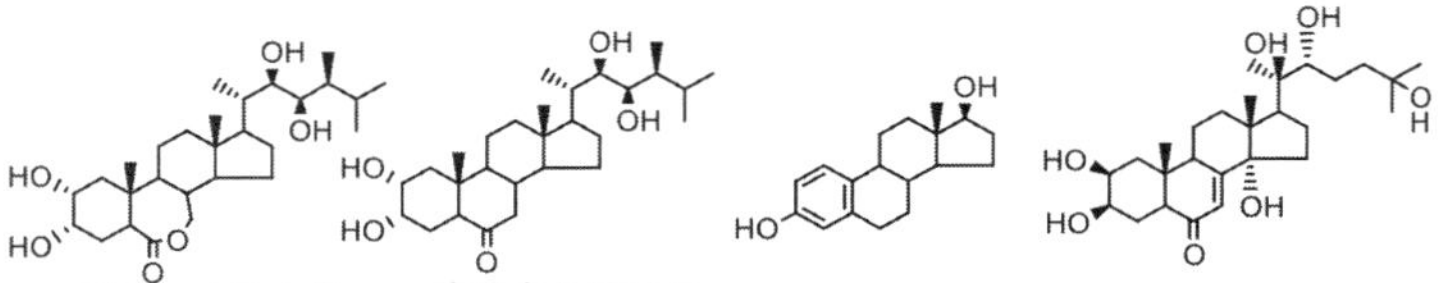

ブラシノライド　カスタステロン
ブラシノステロイド
女性ホルモン　昆虫の脱皮ホルモン

図3-13　ブラシノステロイドはステロイド誘導体である。ステロイド誘導体は動物や昆虫においてもホルモンとして働いている。

る。その後、多くの植物からブラシノライド類縁誘導体が分離され、植物ホルモンと認定されブラシノステロイドと総称されることになった。

ステロイド誘導体は多くの生物において重要な働きをしている。哺乳類では副腎皮質ホルモンや女性ホルモン、男性ホルモンが知られており、骨の形成に重要なビタミンDもステロイド誘導体である。また、細胞膜の成分であるコレステロールや胆汁酸の成分としても重要な働きを担っている。

昆虫の幼虫から蛹《さなぎ》への変態過程で働く脱皮ホルモンである化合物エクダイソンもステロイド誘導体である（**図3-13**）。エクダイソンの誘導体はイヌマキ、キランソウ、ワラビ、ゼンマイなど一部の植物からも分離されファイトエクダイソンと呼ばれており、食害昆虫の脱皮過程を狂わすことにより食害を防ぐ、植物の化学戦略とする考えもある。

ブラシノステロイドの最も重要な生理作用は、細胞伸長作用による茎の伸長である。その作用には至適濃度があり、その濃度を超えると障害が現れる。ブラシノステロイド合成機能欠損株は矮性になり、葉の健全な成長が阻害され、縮れた形になる。さらに、導管や仮導管などの維管束組織の分化に関わる重要な生理作用や、他の植物ホルモンと協奏してストレスに対する抵抗性発現や器官分化等の重要な働きも担っている。

ブラシノステロイドの特徴的な生理作用として、葉の成長に関連した作用がある。その一つがイネの葉の葉身と葉鞘のつながりの部分で起こる特異的な屈曲反応で、感度の良いことからブラシノステロイドの検出試験法として利用されている。

また、ブラシノステロイドは花粉に豊富に含まれ花粉管の伸長を促進する作用があり、生殖に大きな役割を果たしている。そのため、ブラシノステロイドの生合成能力を欠損した植物は不稔性（種を実らせることができない）のものが多いことが知られている。

ブラシノステロイドには成長促進や作物の収量増加作用があるので、一部の国でタバコ、サトウキビ、ナタネなどの生育促進剤や、ジャガイモ、ライムギの増収剤などとして使われている例もあり、今後いろいろな農業上の利用が期待されている。

ジャスモン酸——ジャスミンの香気物質が生体防御に働く

ジャスミンの花の香りは、古くからよく知られた最もポピュラーな香りの一つである。その香気成分として、ジャスモン酸やジャスモン酸メチルが知られており、植物界に広く存在することが明らかになっている。ジャスモン酸やその誘導体の生理活性の歴史は、香り物質としての歴史に比べるとまだまだ浅い。

１９７１年に、植物病原菌から、植物の成長阻害物質としてジャスモン酸が確認された。１９８０

年にはニガヨモギから植物老化促進物質としてジャスモン酸メチルが、1981年には植物種子からジャスモン酸が分離され、イネなどの幼植物の成長阻害活性を持つことが明らかになり、植物ホルモン作用の存在が知られるようになった。その後、ジャスモン酸の新たな生理作用が次々に解明されて、比較的最近に植物ホルモンの仲間として受け入れられるようになった。

ジャスモン酸は障害や病害応答、離層形成、葉の老化、葯《やく》の開裂、蔓の巻きつき、塊茎の形成を促進し、根の伸長を阻害する作用などが知られている。この中で、ジャスモン酸の最も重要な作用は生体防御において、エチレンなどの他の植物ホルモンと連携して働くことである。紫外線や酸化ストレス、昆虫などによる食害、病原菌などによる感染障害に対する防御反応の誘導において重要な役割を果たしている。

加えて、病原菌に感染したときに特異的に生産する抗菌物質であるファイトアレキシン（後述）の生産を誘導し感染を抑える働きのあること、またジャスモン酸の投与により、植物の抵抗性に関係する多くの遺伝子が発現することが知られている。

また、昆虫による食害を受けた植物は、エチレンの生合成とともにジャスモン酸の生合成も遺伝子レベルで活性化される。このほか、エチレンとの協力により落葉、葉の黄化、果実の成熟など、植物の老化や成熟と関係した生理作用を示す。

動物において、血圧降下、血管拡張、血小板凝固阻害、平滑筋の収縮、疼痛や炎症発現に深く関連する重要な生理活性物質であるプロスタグランジンとジャスモン酸はよく似た構造を有しており、生

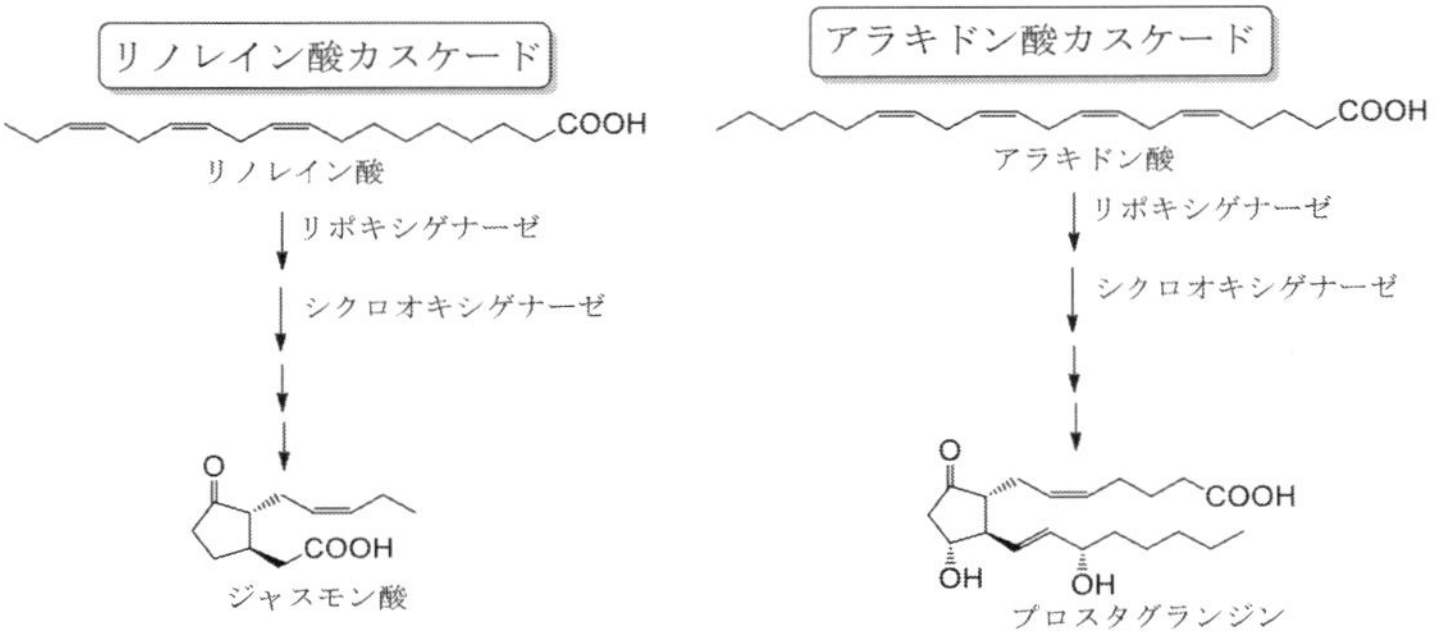

図3－14　ジャスモン酸はリノレイン酸からリノレイン酸カスケードで生合成されるが、哺乳動物の重要な生理活性物質プロスタグランジンも類似のアラキドン酸カスケードで生合成される。

合成経路もほとんど同じである。

プロスタグランジン関連物質は、４つの二重結合を持つアラキドン酸という不飽和脂肪酸からアラキドン酸カスケードといわれる反応経路を経て生合成されるが、ジャスモン酸は、３つの二重結合を持つ不飽和脂肪酸であるリノレイン酸から同様なリノレイン酸カスケードと呼ばれる生合成経路を経て合成される（図３－14）。ともにリポキシゲナーゼとシクロオキシゲナーゼという酵素によって反応が行われ、ジャスモン酸およびプロスタグランジンはどちらも5員環ケトンにアルキル側鎖を持つ特徴的な構造を有している。

まったく異なる動物と植物で、ともによく似た経路で生合成され、しかも、ともに繊細な生理活性を示す両者の存在は、動物と植物が同じ先祖から進化してきたことを暗示している。

ストリゴラクトン——菌根菌との共生を誘導

１９９０年代半ば以降、オーキシンとサイトカイニンによる頂芽優勢の現象以外に、側芽の伸長を抑制する物質の存在が疑われるようになっていたが、その正体は明らかにされてこなかった。２００８年、フランスのＣ・ラモーらおよび我が国の山口信次郎らにより、枝分かれを抑制する植物ホルモンとしてストリゴラクトンが発見された。

一方、この発見よりはるか以前の１９６６年にアフリカ大陸で、農作物に大きな損害を与える「魔女の雑草」と呼ばれるハマウツボ科ストライガ属の寄生植物ストライガ（*Striga asiatica*）の種子発芽を誘引する物質として、アメリカのＣ・Ｅ・クックらによりワタの根の滲出物からストリゴールという物質が見つかっていた。

その後いろいろな植物からストリゴール類縁体の分離構造が決定された。寄生植物は、宿主となるべき植物が放出するストリゴラクトンを認識し、的確に宿主を見つけ寄生することができる。これは寄生植物のしたたかな戦略である。やがて寄生植物の発芽を誘導するストリゴール誘導体と枝分かれを阻害する植物ホルモンは同じ化合物であることが明らかになり、植物ホルモンであるストリゴラクトンと総称されることになった。

さらにストリゴラクトンは、植物の根に共生し、根からの栄養吸収を助けてくれるアーバスキュラー菌根菌（後述）との共生を誘導するために、植物が生産し根から分泌している物質とも同じものであることも明らかになった。そのほか発芽や芽生えにおける光応答、根の周りの環境に応じた根の発

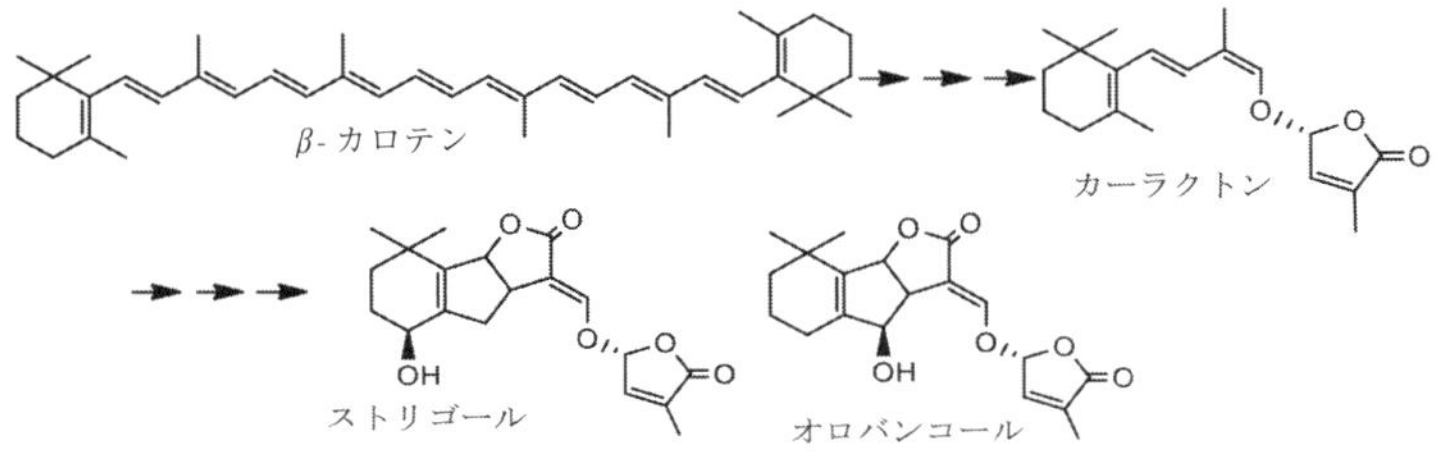

図3－15　ストリゴラクトンはカロテノイドから重要な中間体であるカーラクトンを経由して生合成される。

達、葉の老化などにも関連していることがわかり、２００８年に植物ホルモンとして認定された。最も新しく仲間入りした植物ホルモンである。

ストリゴラクトンは、アブシジン酸と同様に、カロテノイドの開裂分解により生合成されることがわかっていたが、β－カロテンが開裂した先の生合成経路がなかなか解明されなかった。鍵になる中間体であるカーラクトンが最近分離され、ストリゴラクトンへの重要な中間体であることが証明されたことから、β－カロテンからアブシジン酸によく似た構造の中間体カーラクトンを経由して生合成されることが明らかになった（図３－15）。

このようにストリゴラクトンは、植物ホルモンとしてだけでなく菌根菌との共生を誘導するシグナル物質として、あるいは寄生植物が宿主植物の存在を確認するために働くなど多彩な生理活性を持つ非常に興味深い物質である。

以上、植物ホルモンについて述べた。それぞれの作用を一義的に決められないケースが多々あるが、それは植物ホルモンがお互いに複雑に関連しながらネットワークを構築して働いているためである。トータルとして植物の健全な発生、分化、成長を演出しているといえるだろう。

植物の受精から種子の形成には、オーキシン、アブシジン酸、サイトカイニンが働き、発芽過程では、ジベレリンとアブシジン酸がお互いに拮抗的に働いている。成長過程ではオーキシン、ジベレリン、ブラシノステロイド、サイトカイニン、ストリゴラクトン、ジャスモン酸が、開花や果実の形成成熟にはエチレンを含むほとんどの植物ホルモンが関与している。外部からの障害や感染に対してはエチレンとジャスモン酸が協力してストレスに対抗している。このように、植物の生命活動を自在にコントロールする植物ホルモンというシステムは植物独特の方法で、まさに化学戦略である。

植物は光合成を行い独立栄養能を持ち、地に根を張り動くことができない点は動物との大きな違いであるが、その他にも多くの違いがある。そこで次のコラムでは、両者の細胞の構造の違いと細胞の分化全能性における違いについてお話しする。

コラム7　植物細胞と動物細胞

分化能力を持つＥＳ細胞や、山中伸弥教授のノーベル賞受賞で有名になったｉＰＳ細胞、論文捏造《ねつぞう》騒ぎにまで発展したＳＴＡＰ細胞が報道され、動物、ひいてはヒトの細胞の全能性を誘導するための技術が話題になっている。これは、ヒトの細胞の全能性を誘導できれば、再生医療に計り知れない恩恵を与えることが期待できるからである。

しかし、基本的に動物の細胞は、胚細胞以外は分化全能性を持っていない。胚細胞以外の細胞から分化全能性を持つ胚性幹細胞への誘導には、高度な遺伝子操作でｉＰＳ細胞を誘導する技術が実現されているが、実際の医療に応用するには今なお多くのハードルがある。一方、植物細胞はどの細胞も分化全能性を持っている。

細胞壁、葉緑体、大きな液胞を持つ植物細胞

まず、細胞の構造上の違いを説明しよう。**図3-16**に植物細胞と動物細胞の模式図を示した。両者が共通して持っている器官としては、細胞膜、核、ミトコンドリア、ゴルジ体、小胞体、リボソーム等で、生命体が基本的な生命活動を行うために必要な小器官である。植物細胞は、それらの小器官に加えて、細胞壁、葉緑体などの色素体および大

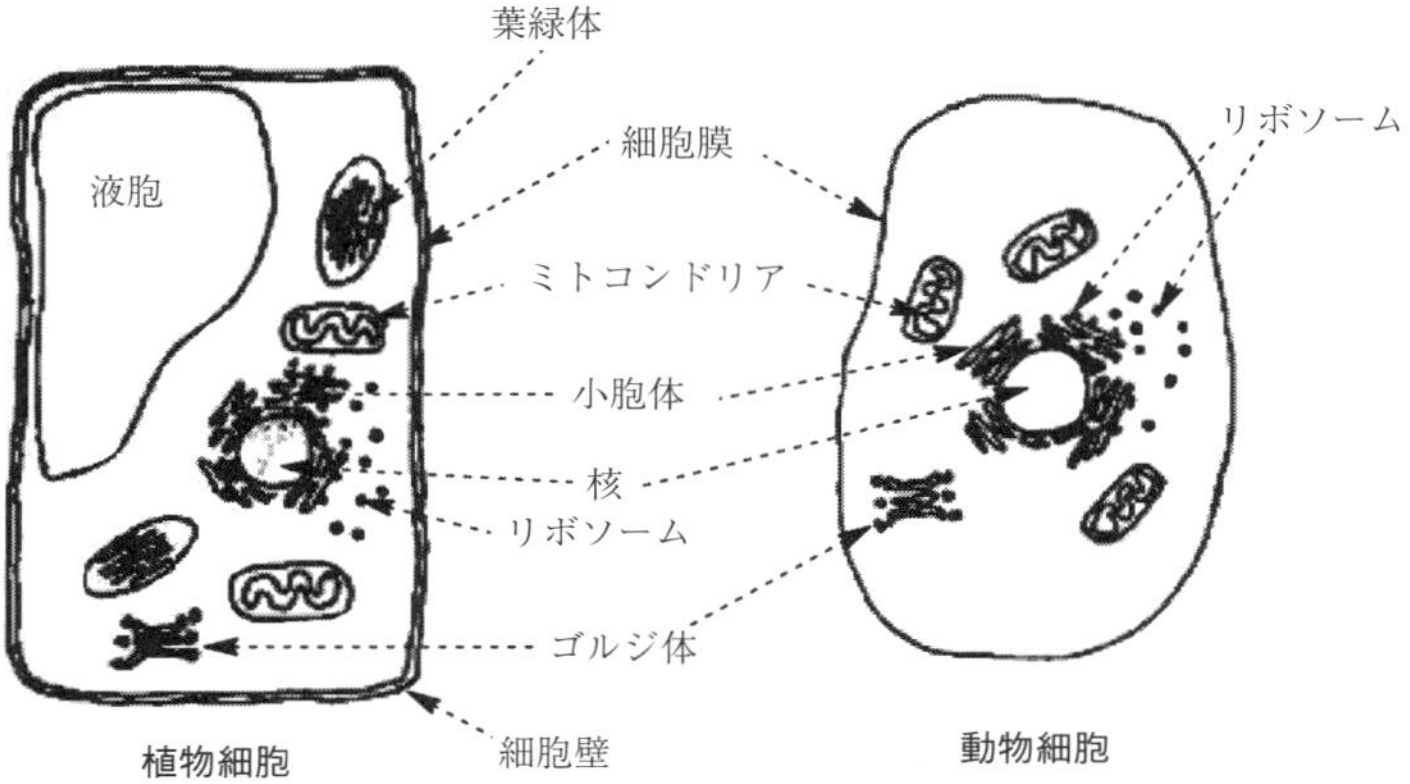

図３－16　植物細胞と動物細胞には、葉緑体や細胞壁など構造上の違いがある。植物細胞には分化全能性があるのが大きな特徴である。

きな液胞を有している。

細胞壁は、骨や筋肉を持たない植物がその形を維持するために構造的、機械的役割を果たすものであり、環境ストレスや病原菌などの侵入を防ぐバリアーとしても働いている。液胞は、従来は老廃物のゴミ捨て場との評価しかなかったが、今では多くの機能が明らかになっている。

成長した植物細胞では、水で満たされた液胞が細胞の90％を占めており、そこには、糖、有機酸、無機イオン、アミノ酸、タンパク質、二次代謝産物などが溶け込んでいる。必要に応じて植物細胞の細胞質の水素イオン濃度（pH）調節や、無機イオン濃度の調整、細胞質に必要な成分を供給する働きを持っている。また、アントシアニン等の色素成分を蓄積し、花や果実の色を発現するために働いている。果物の甘味や酸っぱさなどは、液胞に溶けた糖や有機酸によっている。葉緑体は光合成を行うことで、植物の生命維持はもちろん、炭素循環を通して地球上の生命を生かすために懸命に働いている。

分化全能性

生理活性面で植物細胞と動物細胞の大きな相違点は、植物細胞が分化全能性を持っていることである。オーキシンやサイトカイニンなどの植物ホルモンで処理することにより、植物の葉、茎、花、根等の分化したいろいろな組織から、脱分化したカルスを誘導することができ、適当な植物ホルモン条件で培養し育て、増やすことが可能である。また植物ホルモン条件を変えることにより、カルスから植物のいろいろな組織や、元の植物に誘導することが可能である。動物では胚細胞以外は分化全能性を基本的に持っていない。

分化全能性は普段の植物の栽培の場でも、挿し木や接ぎ木で見ることができる。植物は動物と同様に、有性生殖により子孫を増やす方法を基本的に持っているが、それ以外の方法で子孫を残す方法がしばしば見られる。最も広く見られるのは、ワラビやドクダミのように地下茎を伸ばしたり、あるいはユリやスイセンのように鱗片や球根で、ジャガイモやサツマイモのように、根や根茎で子孫を増やすものである。イチゴのようにランナーを伸ばし、そこから新しい芽や根を発芽し子孫を増やしていく方法もある。

動くことができない植物は、有性生殖だけで子孫を残すことが困難な場合がありえることから、進化の過程で有性生殖以外の繁殖方法を発展させてきたものと考えられる。

これも分化全能性が可能にしたものである。

第4章　戦いと共生

野山に茂る樹木や草花は、一見穏やかで平穏な生活をしているように見える。しかし、動くことができない植物は、気候や天気の過酷な自然環境、植物を食害する草食動物や昆虫、さらには、植物病原菌などのストレスにさらされており、これらの攻撃に対抗するため日夜厳しい戦いを繰り広げている。そのため、いろいろな生体防御システムを進化の過程で発達させている。

一方、仲良く生えているように見える植物同士でも、繁殖する場所の争奪戦や太陽の光をより多く浴びるために激烈な戦いを行っている。自然環境の厳しい場所で、最初に住み着き生活を始めるのは植物である。このように植物が旺盛な繁殖力と適応能力を持つのは、光合成により独立栄養能を持っていることはもちろんだが、繁殖のために多彩な化学戦略を発展させているからである。

植物が環境や外敵あるいは生存競争相手と戦うために発展させた手段として、他感作用物質、ファイトアレキシン、苦味や渋味のような灰汁《あく》物質の生産、有毒物質の合成を行っている。しかし、植物は敵と戦うだけでなく、ほかの生物と助け合い利用し合い、結果としてお互いにメリットのある共生というシステムも作り上げている。その過程で、植物が生合成した化学物質がシグナル物質として重要な働きをしている。また、植物が防御のために作り出したシステムを逆手にとって利用するしたたかな昆虫もいる。

対植物・対昆虫の戦い

他感作用——アレロパシー

特定の植物の周りにはほかの植物が生えにくいとか、昆虫が少ないなどの現象がしばしば見られる。このことから、植物は、ある種の化学物質を生合成し放散することにより他の植物や昆虫、微生物に対して阻害的に、あるいは促進的に作用する現象が存在するであろうと考えられてきた。このような現象に、１９３７年、オーストリアの植物生理学者Ｈ・モーリッシュによりアレロパシー（allelopathy）という言葉が与えられ「植物が生産し放散する化学物質が、他の生物に阻害的、促進的な作用を示す現象」と定義された。

アレロパシーは他感作用と邦訳されている。他感作用を示す化学物質は他感作用物質（アレロケミカル）という。植物は**図４－１**に示すように、枝葉からの揮散、地面に落ちた落葉からの溶脱、根からの滲出などの方法で他感作用を働かせている。

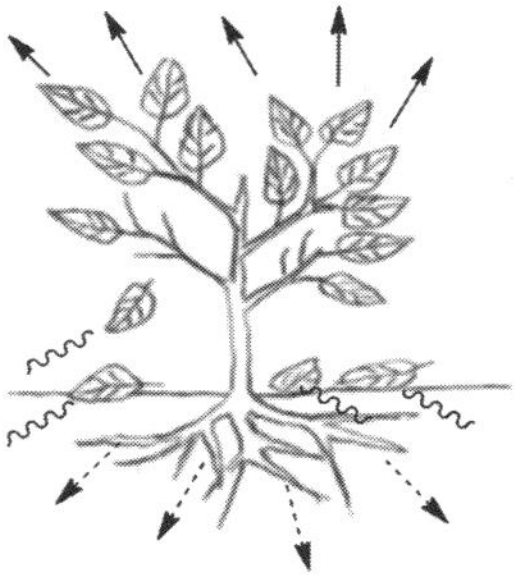

図４－１　植物の他感作用物質の放散は、枝葉からの揮散、落葉からの溶脱、根からの滲出などによって行われる。

他感作用と考えられる現象は、特に植物間でしばしば見られ、その作用に関連した物質についても広く研究され解明されている。以下にその例を述べる。

◎身近な植物の他感作用物質

セイタカアワダチソウ（*Solidago altissima*）はアメリカから帰化したキク科の外来植物で、明治時代末には園芸植物として導入されたとの説もある。日本のアキノキリンソウ（*S. virgaurea*）の仲間であるが、繁殖のスピードが早く、日本に帰化後全国に広がっている。

秋の花の時期になると、河川敷、高速道路の法面、休耕地や空き地は一面黄色に色づき、日本在来の植物がセイタカアワダチソウに圧倒された様子は日本各地で見られる。成長が良く、２ｍ以上の草丈になるものもある。一時は花粉症の原因との話もあったが、虫媒花で花粉は飛ばさないのでその原因にはならないようだ。

セイタカアワダチソウは、根からポリアセチレン誘導体であるシス－デヒドロマトリカリア酸メチルエステルを放出し、周りの植物の発芽や成長を抑えることで繁栄している。しかしながら、近年、さすがのセイタカアワダチソウもその繁殖の勢いが衰えているように見受けられ、自らが放出した他感作用物質による自家中毒の結果ではないかともいわれている。

日本にセイタカアワダチソウが侵入し広がった当初は草丈が高くその繁殖の勢いも猛烈だったが、近年では草丈もそれほど高くなく、しかも勢いに陰りが見られる。原産地のアメリカでは、セイタカアワダチソウの草丈や繁殖力は日本におけるほどではないようで、周りの植物と調和し共存している様子が見られるようだ。

昔から、奈良公園のナギ（*Podocarpus nagi*）の木の周りに草が生えないことが知られており、ナギの放散する何らかの化学物質が関連しているのではないかとの考えに基づき、我が国の研究者により研究が行われた。その結果、炭素数20のジテルペン誘導体であるナギラクトンなどが分離され、その化学構造が明らかにされた。ナギラクトンには植物の発芽や成長を阻害する作用があり、他感物質として働いていることがわかっている。

オニグルミ（*Juglans mandshurica*）などのクルミの仲間の周りにも植物が育ちにくいといわれており、クルミの果実や葉に起因するユグロンと呼ばれる成分が、他感作用を持っていることが解明された。ユグロンはその前駆体で存在し、空気にさらされた後ユグロンに変化する。前駆物質は、クルミの果実の果肉の部分、樹皮や葉に存在し、比較的安定なナフトールのグルコサイドとして含まれており、組織が傷ついたりして空気に触れると、グルコシダーゼという酵素の作用が活発になり、グルコースが外れ酸化されやすい構造に変化し、空気酸化によりナフトキノン骨格を持つユグロンへと変化し、他感作用物質として働いていると考えられている。ユグロンは、植物だけでなく、昆虫に対しても忌避的に働いているといわれている。

イネにも他感作用物質の存在が知られており、我が国の研究者によりモミラクトンBはじめ多くのジテルペン誘導体やフラボン誘導体であるサクラネチンなどが他感作用物質として報告されている。

このほかにも、植物成分として比較的普通に見られる、フェルラ酸、安息香酸、クマリン、シンナムアルデヒドなどの芳香族化合物にも、植物の種子発芽や幼植物の成長に対して強い阻害作用が見られ、他感作用物質として働いている可能性が示唆されている。

◎農業や森林浴への利用

このような現象は、農業上いろいろな形で利用されている。特に、特定植物の発芽や成長を抑制する他感作用を持つ植物により雑草の繁殖を抑える方法を農業に有効利用する研究が行われている。

たとえば、ヘアリーベッチ（*Vicia villosa*）と呼ばれるマメ科ソラマメ属の植物は、マメ科であることから高い窒素固定能を持ち強い他感作用を持つため、成長したヘアリーベッチを果樹園や耕作前の田畑や休耕地にすきこんだり、敷きつめたりして、窒素栄養の補給と雑草の成長抑制という一石二鳥の利用が行われている。そのためヘアリーベッチの種も市販されており、その他感作用物質としてシアナミドが知られている。また、同じマメ科ムクナ（ハッショウマメ）も強い他感作用があり、雑草の繁殖抑制に利用されている。ムクナの他感作用物質としてL-ドーパが知られている。その他、同じくマメ科のギンネムのL-ミモシンやナタマメのL-カナバニンなども他感作用を持つ（図4-

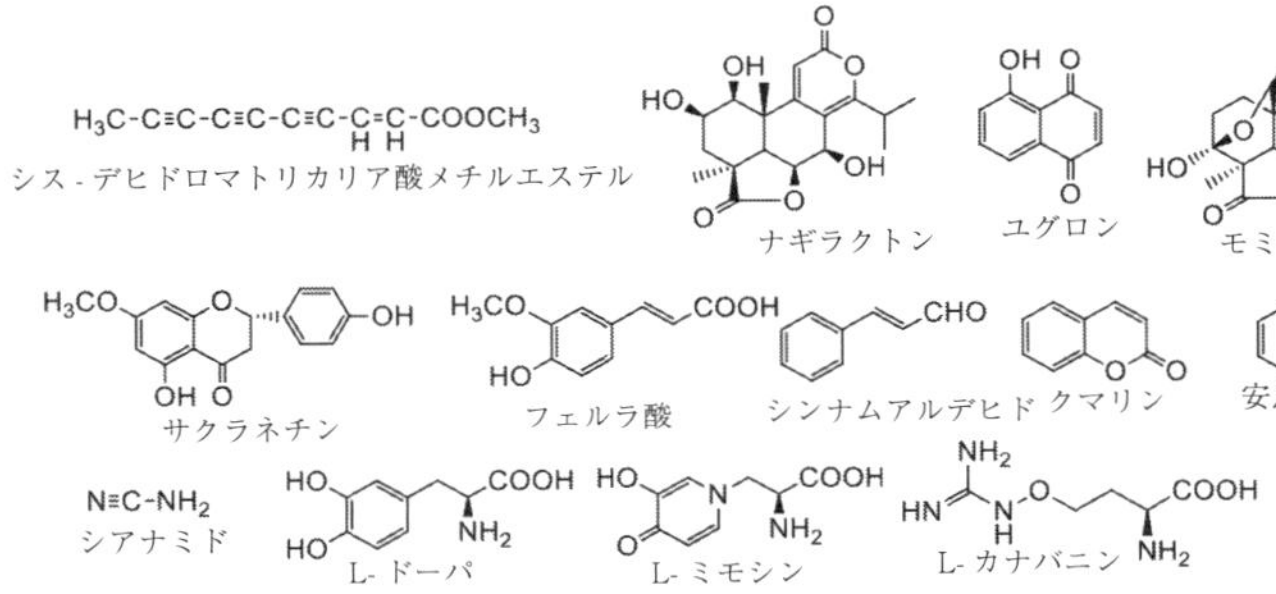

図４－２　他感作用物質として、ポリアセチレン、ジテルペン、フラボン、フェニルプロパノイド、アミノ酸誘導体など多彩な誘導体が知られている。

2)。他感作用物質をシーズ物質（医薬品開発の際に発想の種〔シーズ〕となる物質）として除草剤等の農薬の開発研究が行われている。

近年、森林浴という言葉をよく耳にする。ヒトは誰でも、森林の中を歩くとき、身も心もリフレッシュされ爽快な気持ちになる。その要因として、樹木により生合成され放散される森林独特の香りが注目されている。このような森の香りは、植物が葉などからその植物独特の揮発物質を発散しているもので、我々人間には、総じて心地良いものとして受け取られている。このように植物から発散されている物質をフィトンチッドといい、揮発性の高いモノテルペン（炭素数10）、セスキテルペン（炭素数15）や低分子の芳香族化合物などで構成されている。

樹木の放出するこれらの化学物質は、多くが昆虫の忌避物質や微生物に対する抗菌物質として働いている。植物は自らの身を守るため、さらには植物同士のコミュニケーションのためにこれらの物質を放出していると考えられている。フィ

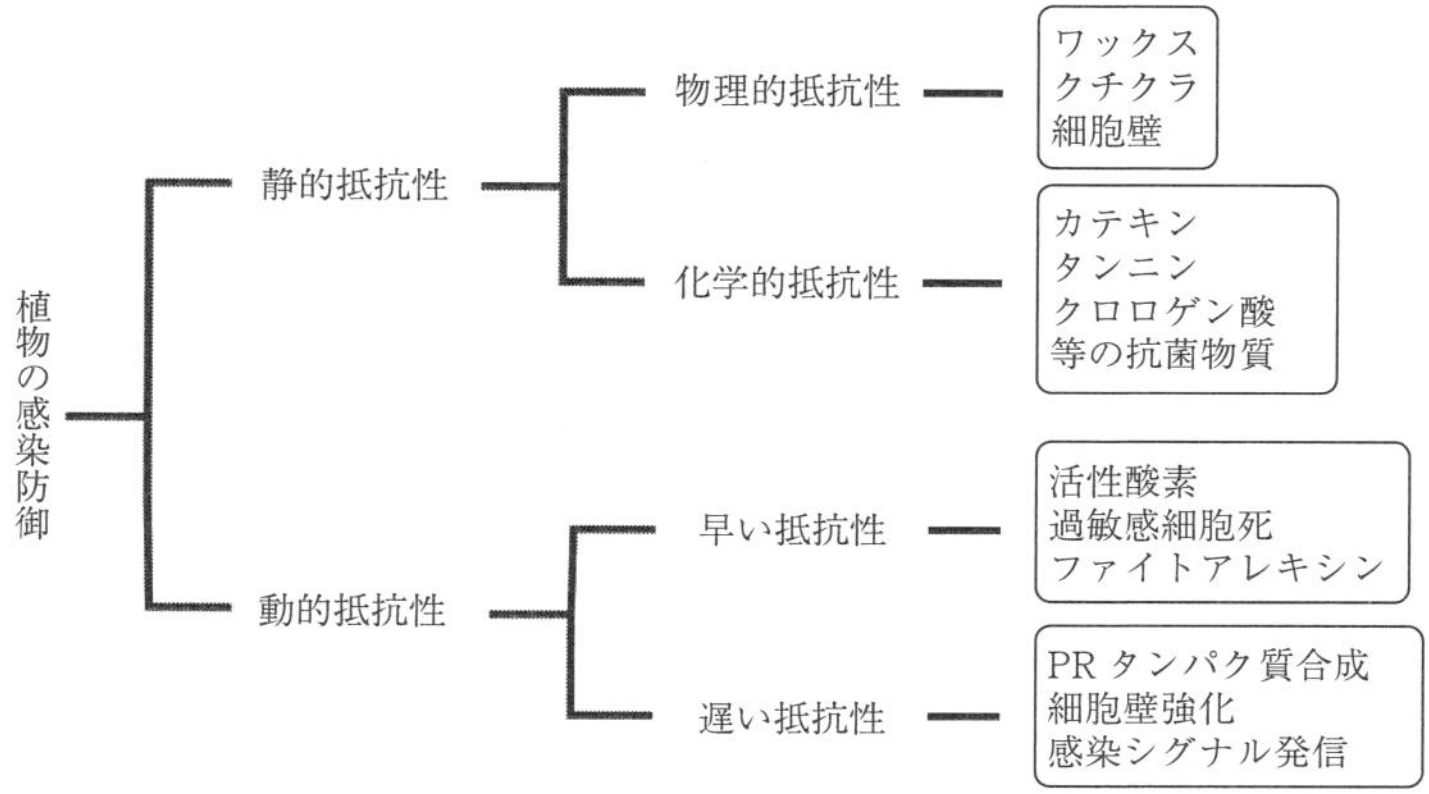

図４－３　植物は感染防御のため、静的抵抗性、動的抵抗性など、幾重もの手段を進化させている。そのうち、ファイトアレキシンは動的で早い抵抗性である。

トンチッドは、我々人間には好感を持って受け入れられているが、植物は、人間を心地良い気持ちにするためにそれを放散しているわけではなく、いろいろなストレスに対して樹木自身を守るために働いており、他感作用現象の一つとしてとらえることができる。

ファイトアレキシン――病害防除に働く抗菌物質

植物は気温、乾燥等のストレス、金属による土壌汚染などの環境因子や昆虫などによる食害だけでなく、植物病原菌の感染に対する防御機構をさまざまに発展させてきた。植物は動物のような免疫系を持っていないが、カビ、バクテリア、ウイルスや線虫などによる病気に対処しなければならない。特に植物病原菌の感染に際しては**図４－３**に示すような強固な防御システムを構築している。

植物は静的抵抗性として物理的、化学的手段を備えているが、特に、化学的手段として、カテキンやタンニン、クロロゲン酸などの抗菌物質を合成して蓄えている。動的な抵抗性としては、病原菌の感染に即座に応答して、活性酸素を用いて病原菌に抵抗したり、過敏感細胞死により感染菌を道連れに感染部位の細胞死を誘導し植物の一部を犠牲にする方法をとっている。また、比較的遅い応答として、防御反応に関係したタンパク質の合成を誘導するなどの幾重もの防御システムを持っている。

これらの抵抗性反応に加え、特に化学戦略による防御手段として、ファイトアレキシン（phytoalexin）生産による防御システムを発展させている。ファイトアレキシンとは、植物が健全な状態では生合成していないが、病原菌等による感染を受けた際に新たに生合成し感染部位に放出して、感染の拡大を抑える抗菌物質のことをいう。ファイトアレキシン生産は比較的早い応答である。

◎科により構造に特徴がある

生合成されるファイトアレキシンの種類は、植物の属する科によって異なっているが、基本的には、ごく普通の二次代謝産物である（**図4-4**）。これら化合物は多くの植物病原糸状菌に対して抗菌活性を持つ。

ファイトアレキシンとして、黒斑病菌に感染したサツマイモ（*Ipomoea batatas*）からイポメアマロンが分離された。イポメアマロンはフラン環とジヒドロフラン環を持つ鎖状の特徴的な構造を持つセスキテルペンである。黒斑病菌の感染で腐敗したサツマイモを餌にして食べたウシが食中毒を起こし

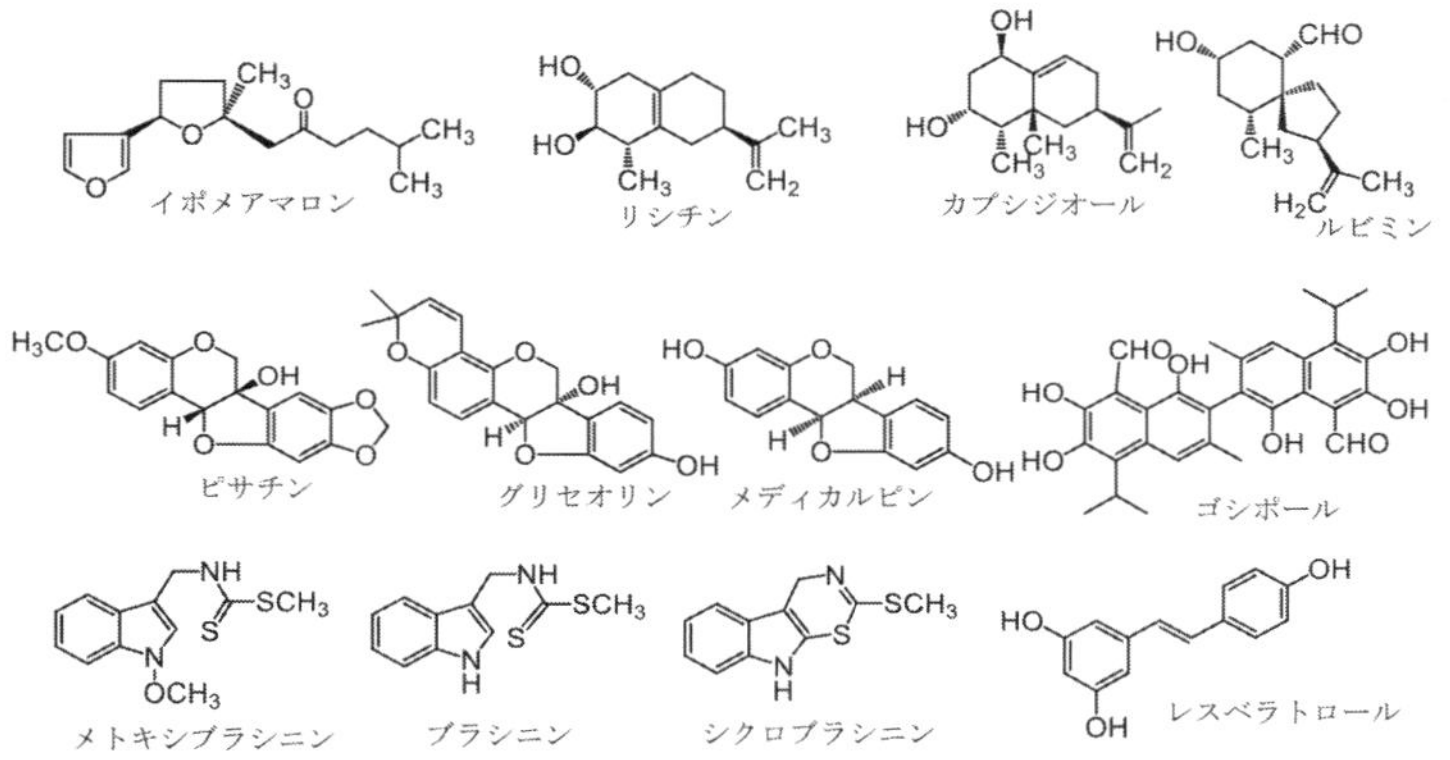

図4－4　ファイトアレキシンは生産する植物が属する科にそれぞれ特徴的で、ナス科はセスキテルペン誘導体、マメ科はプテロカルパン誘導体、アブラナ科はインドール誘導体などがある。

死亡した例も報告されており、そこに含まれていたイポメアマロンが原因であるとされたことから、哺乳動物にも有毒であることが明らかになった。

　ナス科の植物からはいろいろなファイトアレキシンが分離されている。病原菌に抵抗性を持つリシリというジャガイモの品種に病原菌を感染させると、今まで存在しなかったリシチンという化合物が生合成され、その化学構造はセスキテルペン誘導体であることが明らかになった。リシチンは病原菌に対して抗菌活性を示す。その他にも、ナスのルビミン、トウガラシのカプシジオールなどがファイトアレキシンとして知られている。これらの化合物はすべてセスキテルペン誘導体である。ナス科の植物はセスキテルペンをファイトアレキシンとして生合成しているのが特徴である。

　マメ科植物のダイズからはグリセオリンが、エンドウマメからはピサチン、アルファルファ（*Medicago*

sativa）からはメディカルピンがファイトアレキシンとして報告されている。これらマメ科のファイトアレキシンはイソフラボンの仲間のプテロカルパン誘導体グループに属する。

ワタからはファイトアレキシンとしてゴシポールが報告されている。ゴシポールはセスキテルペンの二量体で、ナフタレン骨格とホルミル基（-CHO）を持ち、多くのフェノール性水酸基を有する特徴的な構造を持っている。

アブラナ科の植物からは、ファイトアレキシンとしてインドール骨格を持ち硫黄原子を含む特徴的な化合物が報告されており、白菜、キャベツなどに病原菌を感染させることにより、メトキシブラシニン、ブラシニン、シクロブラニシンなどの硫黄原子を含むファイトアレキシンが新たに合成される。スチルベン骨格を持つレスベラトロールは比較的シンプルな構造を持つポリフェノールで、ブドウが生産するファイトアレキシンとして報告されている。レスベラトロールは抗炎症活性、抗腫瘍活性、抗糖尿病活性、白内障や網膜症の治療効果、血管老化抑制活性、抗酸化活性等が報告され、食品の機能性物質として注目されている。

植物でファイトアレキシンの産生を誘導するシグナル物質として、エリシターという物質が知られている。感染を受けた植物細胞の細胞壁や感染菌の細胞壁の一部が加水分解を受けて、生じた多糖体がエリシターとして働き、ファイトアレキシンの生合成を誘導する。代表的なエリシターとしてオリゴキチン、オリゴキトサンなどのオリゴ糖があるが、極低濃度でファイトアレキシン産生を誘導することが明らかになっている。

これ以外に、タンパク質や糖ペプチドなどもエリシターとして働く。重金属イオンなどもエリシター作用を示すことが知られ、硫酸銅などでファイトアレキシンを誘導することができる。また、生体防御に関連した植物ホルモンであるジャスモン酸でもファイトアレキシンの誘導が可能である。

◎昆虫の忌避・摂食阻害・殺虫物質

昆虫による植物の食害は自然界ではごく当たり前のことで、ときどき、食害で丸裸になった木や野菜を目にすることがある。花の時期が終わり、緑の葉が茂り始めたと思うと、外来種のアメリカシロヒトリで丸坊主になった桜の木を見ることがある。しかし、植物も黙ってされるままになっているわけではない。

植物は、昆虫にとって不利益、あるいは忌み嫌う物質である、忌避・摂食阻害物質、殺虫物質を生合成し葉や茎に蓄積している。忌避は基本的に嗅覚により引き起こされるが、摂食阻害は味覚により感知される。さらに強い活性物質として殺虫成分が存在する。忌避物質、摂食阻害物質、殺虫物質に関する研究では、植物から多くの活性物質が分離され構造が明らかにされている（図4-5）。

植物が葉などから放出する香り成分のあるものは昆虫に対して忌避作用がある。代表的なものはテルペノイド誘導体で、特に分子量が小さく揮発性のあるモノテルペンやセスキテルペンが挙げられる。フィトンチッドの代表的な成分であるα-ピネン、クスノキの成分でたんすの虫除けに使われるカンファーなどが知られている。

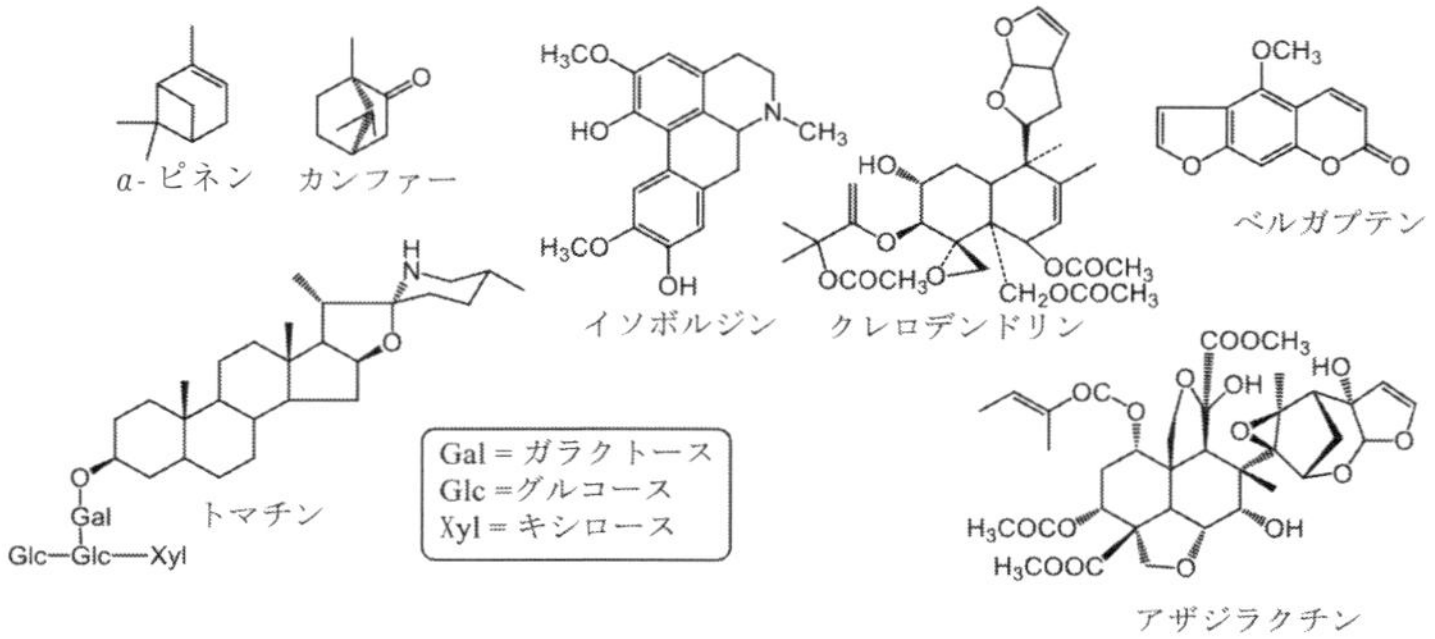

図４－５　代表的な忌避・摂食阻害物質。特にアザジラクチンは活性が高く興味が持たれている。

摂食阻害物質として、ツヅラフジ科の植物から得られたアルカロイド誘導体であるイソボルジン、クサギから得られたジテルペン誘導体であるクレロデンドリン、トマトから得られたステロイドアルカロイド誘導体であるトマチン、ニーム（日本名インドセンダン）から得られたリモノイド誘導体であるアザジラクチン、コクサギから得られたフラノクマリン誘導体であるベルガプテンなど、多くの化合物が報告されている。

この中でも、特に、ニームの実から分離されたアザジラクチンは昆虫に対して強い摂食阻害活性を持ち、毒性も有している。ある種のバッタに対して、ＬＤ50（試験動物の半数が死亡する半数致死量）が15μg／gの強い活性を示し、しかも数百種類以上の昆虫に対して殺虫活性のあることがわかっている。一方で哺乳動物に対しては毒性が低く、動物実験では、マウスに対する毒性はＬＤ50が３・４５ｇ／kgで、ほとんど毒性のないことが明らかになっており、ニームオイルは農薬としての有用性が期待されている。

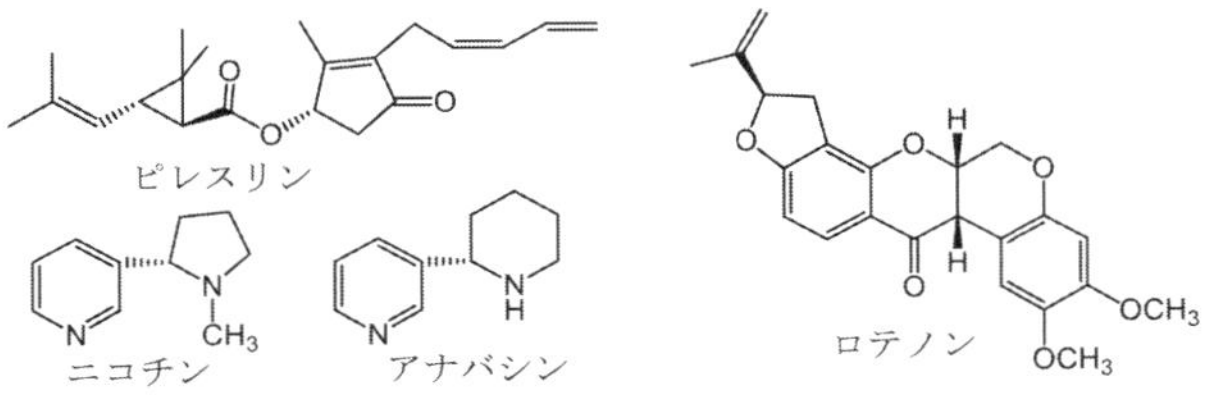

図４－６　ピレスリン類やロテノン類は強い殺虫活性を持つが、哺乳動物には毒性が低い。ニコチンは哺乳動物に対しても高い毒性を持つ。

昆虫に対する忌避・摂食阻害作用より、より強く昆虫に対して作用を示す物質として、殺虫成分が知られている。昔から有名なものとしては、除虫菊のピレスリンなどのピレスロイド誘導体、タバコのニコチン誘導体であるニコチノイド、デリス根のロテノン誘導体であるロテノイドなどがある（**図４－６**）。

ピレスロイドとしては、ピレスリンⅠをはじめ数種類が知られており、シクロプロパン（３員）環を含む珍しい構造を持つ変形モノテルペンで、実際に蚊などの昆虫の防除に用いられている。構造上光に不安定なシクロプロパン環を持つため、今では化学的に安定な合成ピレスロイドが広く用いられている。

ニコチノイドとしてはニコチンやアナバシンが知られている。特にニコチンは喫煙で体内に取り込む可能性があるだけでなく、喫煙をなかなか止められない耽溺性や非喫煙者がタバコの煙で受ける受動喫煙被害が大きな社会問題になっている。

ロテノイドはデリス根以外の植物からも得られており、ロテノンをはじめ30種以上のロテノイドが知られている。ロテノイドは、哺乳類に対しては低毒性だが、昆虫に対しては神経筋肉組織に働き、呼吸を麻痺させ死に至らしめる。

このような殺虫成分も昆虫による食害を防ぐための手段として有効に働いている。

◎辛味も植物の生体防御戦略

辛味は温痛覚等の感覚を刺激し総合的に感ずるものなので、味覚の基本の五味（甘味、酸味、鹹味《かんみ》〔塩からい味〕、苦味、旨味《うまみ》）には含まれていない。辛味は本来昆虫や動物が忌み嫌う感覚のはずで、植物はいろいろな辛味成分を生合成して昆虫や動物による食害を防ごうとしている。まさに植物が化学戦略のために作り出したものだ。しかし、ヒトは長い食の歴史の中でその辛味に順応し、重要な嗜好として食生活に取り入れるというしたたかさを示している。

トウガラシ、コショウ、サンショウ、ワサビ、ショウガなどの辛味食品は、我々にとってごく身近な代表的な香辛料だ。トウガラシは東南アジアや韓国やメキシコなど、サンショウは中国、コショウは欧米、ワサビやショウガは我が国で、嗜好香辛料として用いられている。これら香辛料は、その国々の郷土料理など食文化に深く関わっており、なくてはならない素材となっている。

これらの香辛料の成分で、トウガラシの辛味成分であるカプサイシン、コショウの辛味成分であるピペリン、サンショウの辛味成分であるサンショールは共通して、分子中にアミド結合（-CO-N-）

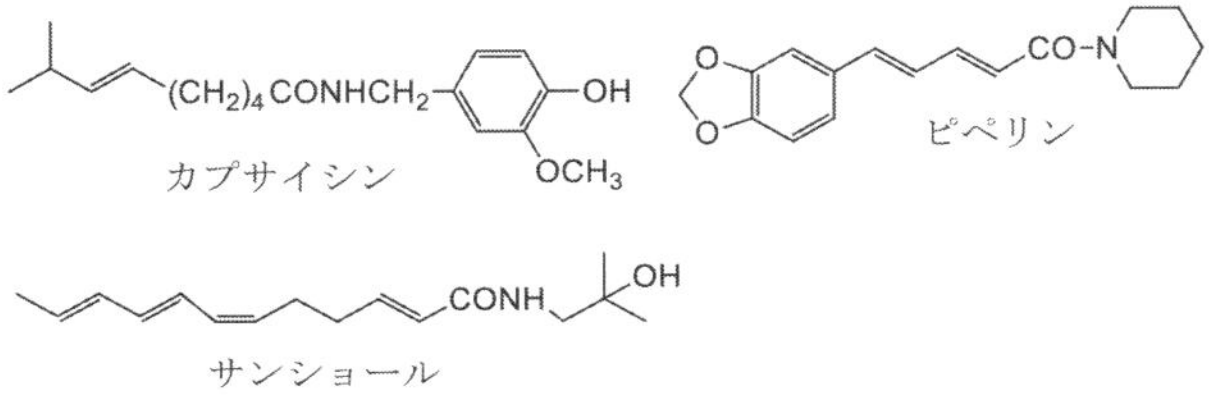

図４−７　辛味成分であるカプサイシン、ピペリン、サンショールの構造には共通してアミド結合（-CON-）が存在し、辛味発現に重要と考えられる。

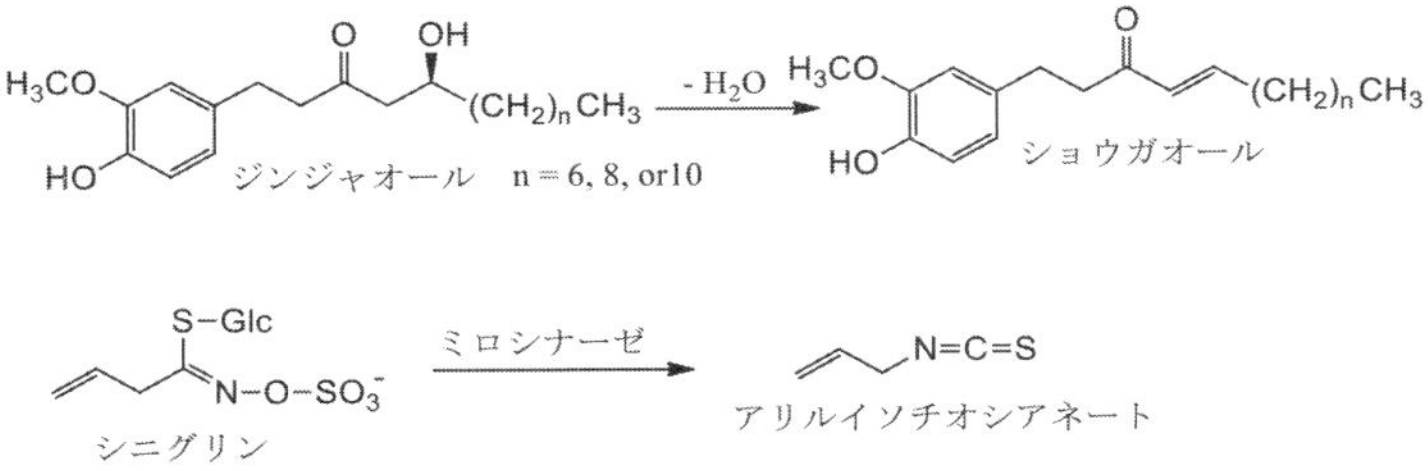

図４−８　ショウガの辛味（上）とワサビの辛味（下）の質は異なるが、化学構造も大きく異なっている。

を持っており、この構造が辛味の発現に重要な働きをしている（図４−７）。

一方ショウガの辛味成分は、他の辛味成分とは構造が大きく異なり、その成分はジンジャオールという化合物である。ショウガを処理して得られる乾姜《かんきょう》や生姜《しょうきょう》という生薬では、ジンジャオールが処理過程でより化学的に安定なショウガオールという辛味成分に変化してしまう（図４−８）。そのため、生のショウガにはジンジャオールという辛味成分が存在するが、ショウガオールはほとんど存在しない。

ワサビやカラシには、アブラナ科独特のグルコシノレートと総称される成分が含まれている。ワサビの成分としてはシニグリンが有名で、図4−8に示すようにS−配糖体として存在している。そのままでは辛味はないが、すり下ろしたときミロシナーゼという酵素によりシニグリンの糖が外れることで、辛味成分であるアリルイソチオシアネートになり独特の強い辛味を呈する。

一口に辛いといっても、これら香辛料は、それぞれ個性的な辛さを持っており、それぞれの地域料理や国民の嗜好にマッチしている。日本人はトウガラシの辛さに弱いが、ワサビの辛さには強い。欧米人はワサビの辛さは苦手で、東南アジアの人たちは辛さ全般にめっぽう強いなどの話を聞く。

コラム8　昆虫の食草

食植性の昆虫は、その食草とする植物が比較的決まっている。特に、チョウの幼虫ではこの現象が見られる。アゲハチョウの仲間が柑橘類を、ギフチョウがウマノスズクサ科の植物を、アサギマダラがガガイモ科の植物を、モンシロチョウがキャベツなどアブラナ科の植物を食草とする。そのため、雌のチョウは自分の幼虫が食草とする植物を探し出してその葉に産卵し、孵化した幼虫は食草を独占的に食べ成長する。

本来は食害を防止するために植物が合成した成分に対して、一部の昆虫は、その成分を排泄したり、分解する解毒機構を発展させ抵抗性を獲得し、逆にそれらの物質を誘引物質として利用することにより、他の昆虫が避ける植物を独占的に餌とすることができるように進化している。この結果、食草に対する住み分けが行われ、一つの植物に多種の昆虫が集中することなく、分散して産卵、成長しお互いの利益を図る結果となっている。昆虫は、植物が昆虫による食害を防ぐために生産した二次代謝産物を、己の生存のために利用するという抜け目のない生き方を行っているのである。

アゲハチョウが好んで産卵し、孵化した幼虫が好んで食べるミカンの仲間にはフラボンや塩基性化合物等が含まれている。それらの成分のうち、どの成分がアゲハチョウの産卵を誘導するかを研究した結果、成分中の単独、あるいは少数の成分によるものではなく、**図4－9**に示すように、フラボン誘導体、塩基性誘導体、シクリトールやアミノ酸誘導体などの多数の成分の混合物が関係することが明らかになっている。

アゲハチョウの雌は、前肢にある味覚受容器官で葉の表面をたたき（ドラミング）化学物質を確認する。これらの成分の混合物に誘引され、ミカン科植物に産卵し、孵化した幼虫は、その葉を独占的に食べてすくすくと成長して美しいアゲハチョウとして飛び立っていく。

蓼食う虫も好きずき

タデ科の植物であるヤナギタデは噛むと舌先にピリッとした辛味を感ずる。ヤナギタデの変種の芽生えの赤い色の子葉はベニタデといい、刺身のツマなどに用いられ、アユの塩焼きを食べるときに用いるタデ酢はこのタデを用いて調製したものである。このヤナギタデにはポリゴジアールいうセスキテルペンが含まれており、この成分が辛味を呈する。ポリゴジアールにはホルミル基（-CHO）が含まれており、この構造が辛味に関係しているものと考えられる（**図4－10**）。

こんな成分が含まれるため、ほとんどの昆虫がこのヤナギタデを食害しないが、ヨトウガの幼虫であるヨトウムシはこの植物を独占的に、好んで食べ成長する。まさに典型

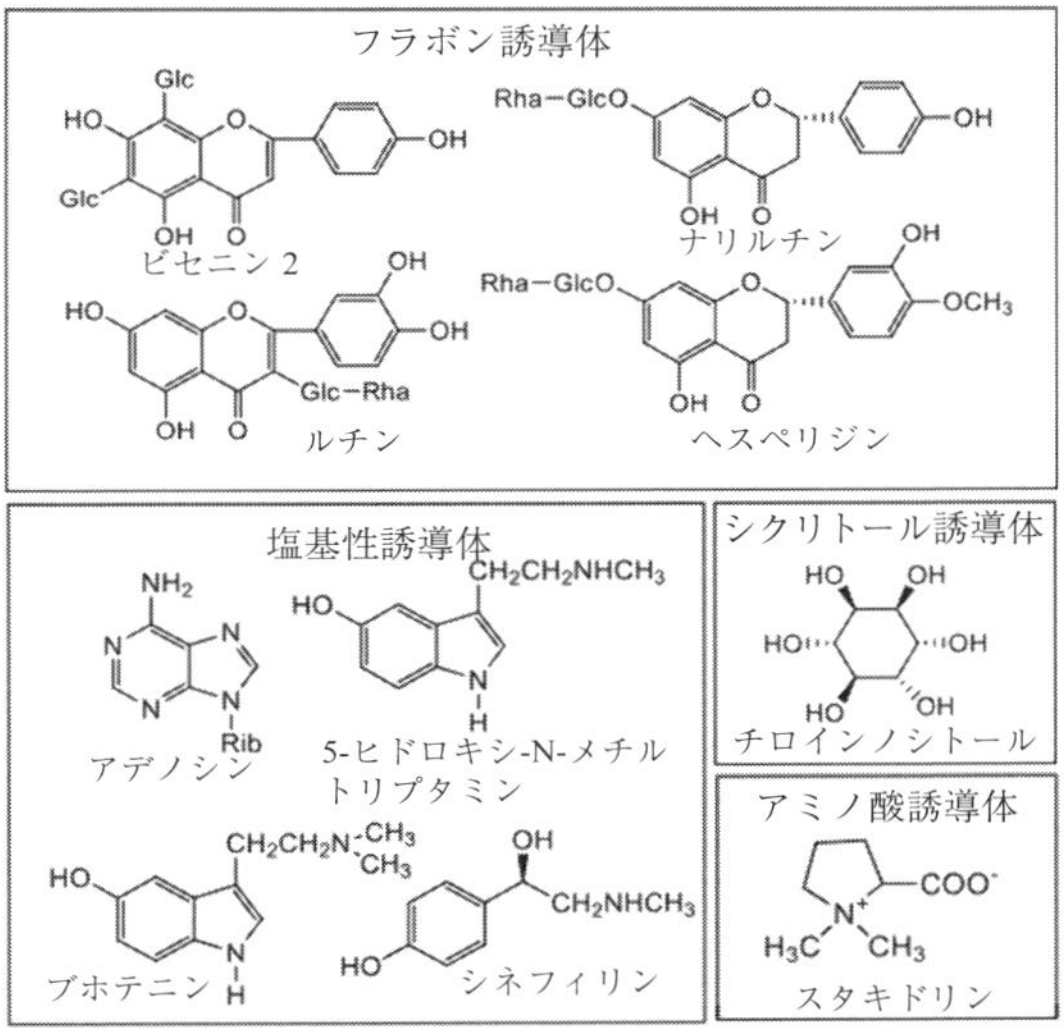

図4-9　柑橘類植物によるアゲハチョウの産卵誘導は、フラボノイドを主に、塩基性誘導体、シクリトールなど複数の物質の混合物によって行われる。

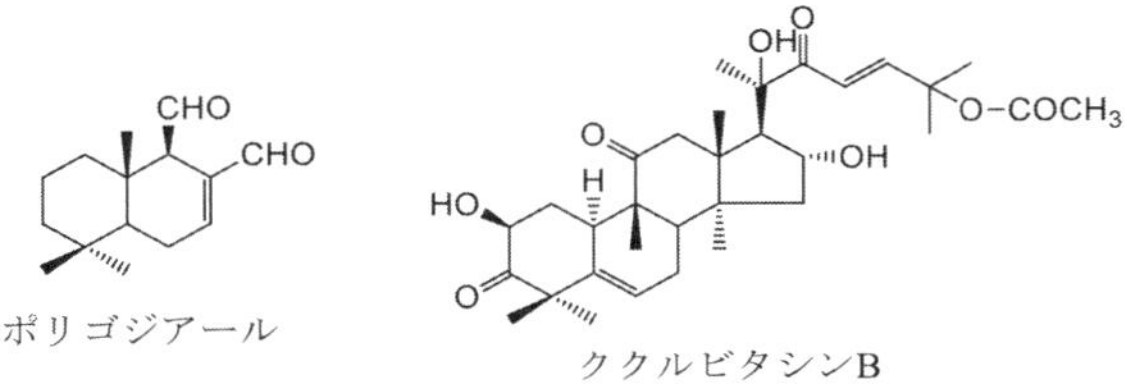

図4-10　辛味成分ポリゴジアールや苦味成分ククルビタシンを成分とする植物を食草とし、住み分けを行う昆虫がいる。

的な食草の住み分けの例だ。このように、ほとんどの昆虫が食べないタデを食べる虫がいるということで「蓼《たで》食う虫も好きずき」ということわざが生まれたといわれている。

ウリの仲間にはククルビタシン誘導体という苦味物質が含まれている。ゴーヤの苦味がククルビタシン誘導体によるものである。我々も強い苦味は敬遠するし昆虫もこれを嫌ってウリの葉を食べないが、ウリハムシはこの物質を誘引物質として引き寄せられ産卵する。孵化した幼虫は、ウリの葉を独占的に食べ成長するとともに、ククルビタシンを体内に取り込み蓄積することにより天敵からの攻撃を防いでいる。

成虫のウリハムシの体内にもククルビタシンが残っており、スズメの仲間の鳥がククルビタシンを忌避することもわかっている。ちなみに、ウリ科植物から得られたククルビタシンBはがん細胞に対して強い細胞毒性を持っており注目されている。

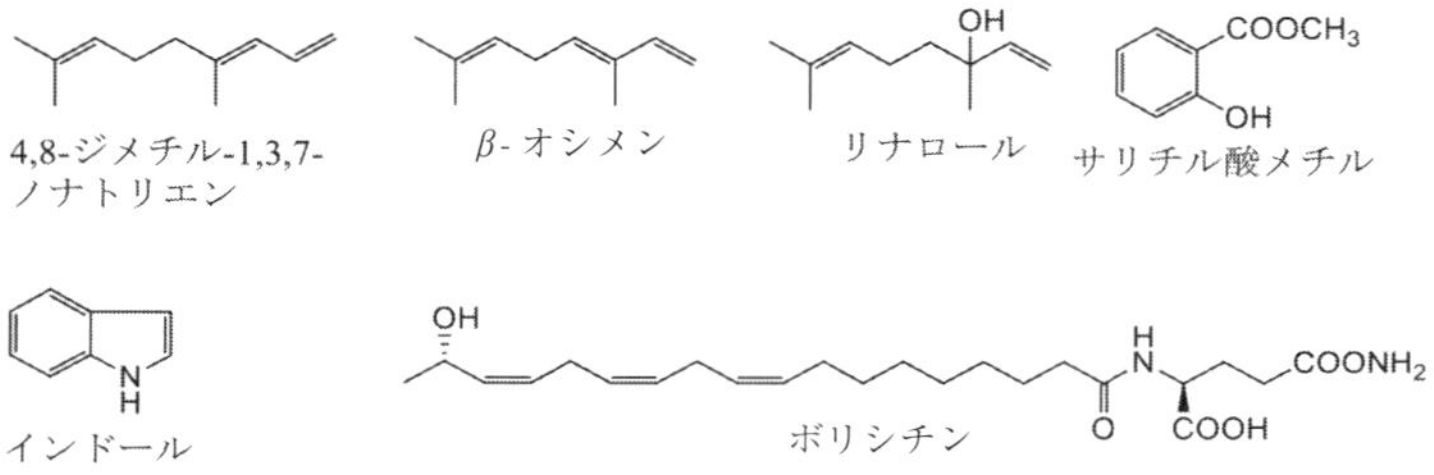

図４－11　食害された植物が放散するシグナル物質は揮発性のモノテルペンや芳香族誘導体。シグナル物質の生合成は食害昆虫の唾液中のボリシチンにより誘導される。

昆虫・微生物の利用と共生

植物が害虫の天敵を呼ぶ

多くの昆虫や動物が植物を食料として生きている。アオムシにひどく食べられたキャベツや、食害を受けた木々を見ることがよくある。植物は何もせずただおとなしく食べられているわけにはいかない。何らかの手段で食害を免れる必要がある。単純に、物理的に葉を固くしたり、有毒な物質や昆虫の忌避物質を生合成し体内に溜める方法などが一般的だろうが、昆虫もしたたかで、有毒物質を分解したり、排泄したりする能力を獲得し、毒成分をものともせず植物を食べたり、さらには、毒成分を体内に蓄積して天敵から身を守る昆虫も現れている。

しかし、植物も負けていない。食害昆虫（植食者）の天敵の助けを借りるという方法を編み出した植物もある。植物と植食者の天敵との間の協力関係が成り立った植物・植食者・天敵の三者の関係は自然界にしばしば見られ、その研究も行われている。

植物・植食者・天敵の三者の関係に化学物質が関与しているこ

とは、マメ科のリママメ（*Phaseolus lunatus*）の研究から成果が得られている。リママメに寄生するナミハダニは、体長0・6㎜以下の食害昆虫だが、繁殖力が高く甚大な被害を与える。ナミハダニの幼虫による食害が起こると、リママメは揮発性物質を合成・放出しナミハダニの天敵であるチリカブリダニを呼びよせ、ナミハダニを捕食して退治してもらう。

この植物・植食者・天敵三者系に関係したシグナル物質として、モノテルペノイドであるβ－オシメン、リナロール、4,8－ジメチル－1,3,7－ノナトリエンおよび、芳香族化合物であるサリチル酸メチルが確認されている（図4－11）。

◎キャベツが呼ぶ食害幼虫の天敵

植物・植食者・天敵三者系の例としてアブラナ科の植物、特にキャベツとモンシロチョウの幼虫アオムシと、その天敵である寄生バチのアオムシコマユバチとの関係が有名である（図4－12）。キャベツをはじめとするアブラナ科の植物には、多くの昆虫にとって有毒物質であるシニグリン（辛子油配糖体）が含まれているが、アオムシはこの毒性を克服しており、親であるモンシロチョウもむしろシニグリンに引き寄せられ、食草を争うライバルのいないキャベツに産卵する。

孵化したアオムシによって食害を受けたキャベツは、4,8－ジメチル－1,3,7－ノナトリエンなどの揮発性のモノテルペンを合成してシグナル物質として放出する。このシグナル物質で寄生バチであるアオムシコマユバチが呼び寄せられ、アオムシの体に産卵し、孵化したハチの幼虫はアオムシを食べて

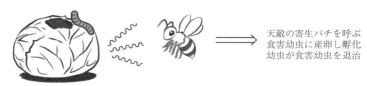

図4-12　幼虫に食害された植物が放出するシグナル物質により、寄生バチが誘引され食害幼虫が退治される。

成長しアオムシは退治されることになる。

また、キャベツはコナガが寄生した場合も、アオムシの場合と同様の揮発性のシグナル物質を放出し、コナガの天敵である寄生バチのコナガコマユバチを呼んでコナガの幼虫に産卵してもらい、退治することになる。コナガの寄生の場合も揮発性シグナル物質の組成はアオムシの場合と同じだが、その混合割合が微妙に異なっているようだ。混合比の微妙な違いが呼ぶ天敵を区別していると考えられている。

◎トウモロコシやタバコも天敵を呼ぶ

トウモロコシにはアワヨトウの幼虫が寄生し、食害を受ける。そこでトウモロコシは揮発性モノテルペンやインドールを放出して天敵の寄生バチであるカリヤコマユバチを呼び寄せて食害を防ぐ。

タバコは、昆虫に対して有毒なニコチンを生合成して昆虫の食害を防いでいるが、昆虫にも強者がおり、ニコチンの毒性に対する抵抗力を進化させたタバコスズメガの幼虫は平気でタバコの葉を食べる。しかし、食害されたタバコはニコチンの生産を盛んにして葉から発するニコチンの匂いでカメムシを引き寄せ、タバコスズメガの幼虫を食べてもらう。タバコは用心棒であるカメムシの助けを借り、食害昆虫タバコスズメガを退治することができるのだ。有毒物質であるニコチンを、喫煙という方法で好んで取り込んでいる人間も強者といえるのかもしれない。

トウモロコシやナスなどを食害昆虫の幼虫が食害する際、その昆虫の唾液に含まれるボリシチン(17-ヒドロキシリノレイン酸とグルタミンのアミド誘導体、**図4-11**)と呼ばれる物質が刺激物質として働き、植物による揮発性シグナル物質の生産を誘導する。その他多くの食害昆虫の唾液からもボリシチンやその類縁物質が確認されている。

なぜ天敵を呼ぶことで不利益になるボリシチンを昆虫が合成するかが疑問であるが、そもそもボリシチンは幼虫のアミノ酸代謝に必要で合成せざるを得ないと考えられている。むしろ植物がそのボリシチンを刺激物質として利用する戦略を発展させたのだろう。

このほかに単純なケースでは、植物が蜜を分泌してアリを呼び寄せ、食害昆虫を撃退してもらう、あたかも用心棒としてアリを雇っているような関係で、植食害虫が近づくことを防ぐ方法をとっている植物もある。

マメ科植物と根粒バクテリア

地球上のすべての生物は生きていくためにタンパク質や核酸を必要とし、その構成元素である窒素を必要としている。窒素分子は地球の大気の78%を占め豊富に存在するが、非常に安定であるため、窒素分子から窒素化合物に変換することは化学的に大変なことである。

残念ながら、植物には窒素を固定（アンモニアなどの化合物に変換して生体に取り込む）する能力がないため、雷などの放電による自然現象で大地に降り注いだ窒素化合物を取り込んで利用している。

植物が窒素固定をすることができないため、農作物の栽培では大量の窒素肥料が必要となる。ハーバー・ボッシュ法を用いて、窒素と水素を反応させアンモニアを生産し、窒素肥料を製造する技術が工業的に行われているが、特殊な金属触媒を用い、高い温度と、高い圧力下（450℃、200気圧）が必要なため、高いコストがかかる。

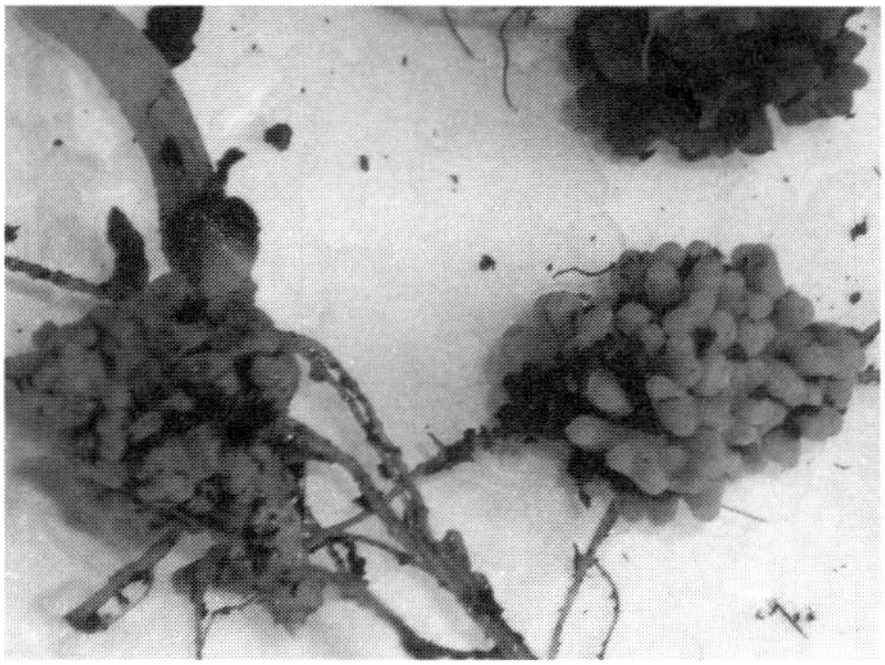

図4－13　サヤエンドウの根粒。根粒バクテリアからは窒素化合物が、植物からは有機物が供給される。

ところで、窒素固定を行うことのできる微生物（根粒バクテリア）と共生することにより窒素を有効に取り込むシステムを発達させてきたのがマメ科の植物である。マメ科といえば、ダイズ、アズキ、エンドウ、インゲンなどのマメ類だけでなく、レンゲ、シロツメクサ、アルファルファ、スイートピー、ラッカセイ、ハギ、フジや、さらには大木となるネムノキ、シタンなどもマメ科の植物だ。ダイズ、レンゲやシロツメクサなどを土から引き抜いてみると、根にたくさんの粒状の組織がついていることがわかる（**図4－13**）。これは根粒といわれ、マメ科植物に共生した根粒バクテリアの住処だ。根粒バクテリアはニトロゲナーゼという酵素を利用して、窒素分子からアンモニアを合成し窒素固定を行う能力を備えている。

◎マメ科植物はフラボノイドでラブコール

一般的に菌の感染は植物にとって迷惑なことであるため、通常は菌の感染を防ごうとする働きが誘導されるが、根粒バクテリアに対してはウェルカムの行動が見られる。このような共生菌との関係は、何かのシグナルが介在して成り立っているものと考えられていたが、マメ科の植物と根粒菌の間で、お互いの共生関係の情報を交換し合うシグナル物質が明らかになっている。

共生には、植物がごく普通に持っているフラボノイドが関係していることがわかっている。植物の根から放出されたフラボノイドをシグナルとして感知した根粒菌は、ノド（nod）遺伝子を発現させ、ノドファクターといわれる物質を合成し放出する。これを、マメ科植物の根が感知して、お互いが認識し合った結果、マメ科植物の根の先端が巻き込むように変化し、その中に根粒菌を取り込み、菌の住処である根粒を形成する（図4-14）。

もちろんこの過程が進行するためには、多くの遺伝子の発現によるタンパク質の合成が必要だ。この最初のきっかけを作るシグナル物質がマメ科植物のフラボンであり、根粒バクテリアからのノドファクターということになる。根粒で増殖した根粒菌は窒素をアミノ体窒素に固定してマメ科植物に供給し、植物は光合成産物である糖とその代謝産物である栄養分を根粒菌に提供する。その結果、お互

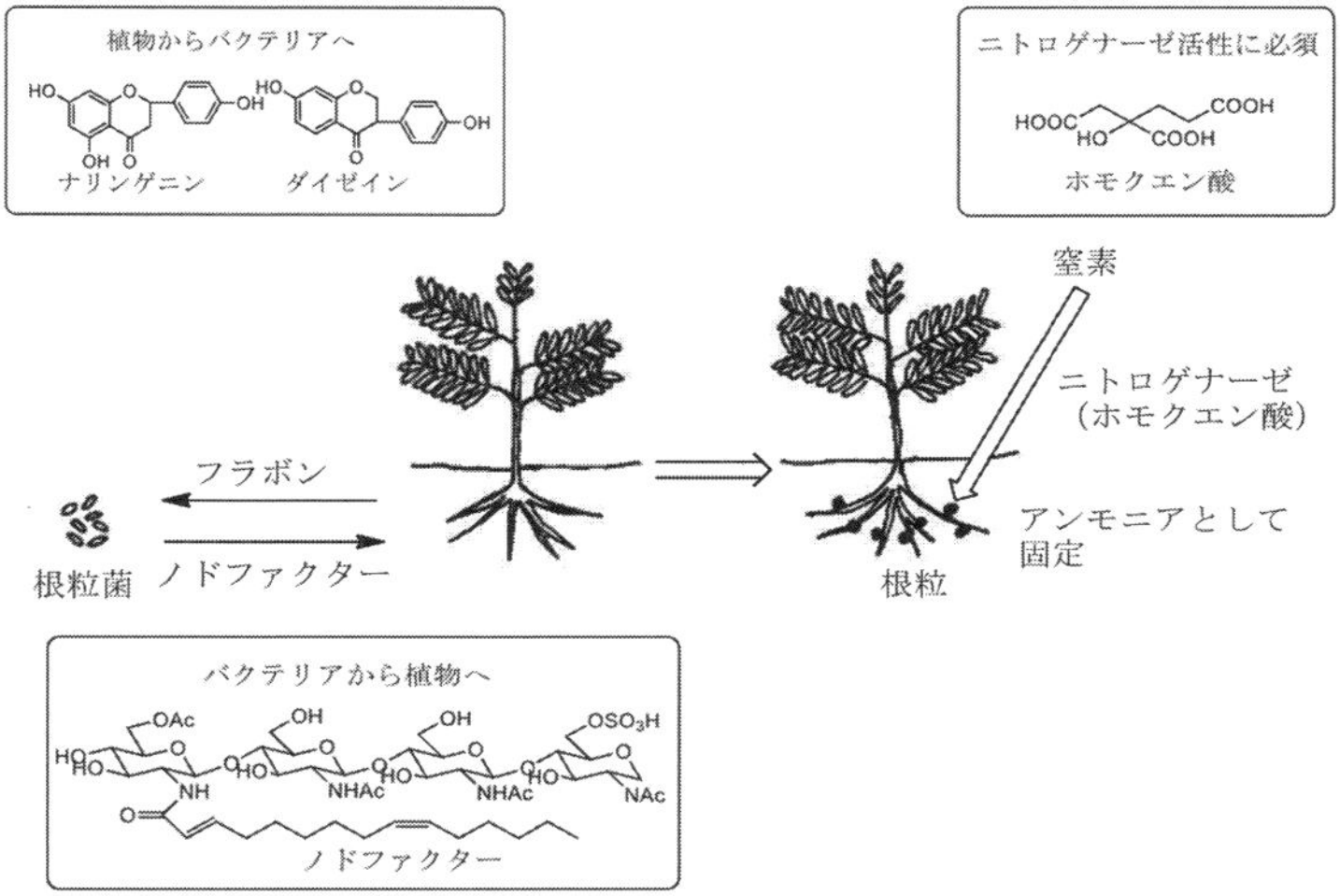

図4－14　マメ科植物が放出するフラボノイドのシグナルに応答して根粒菌がノドファクターを放出し、これを植物が感知し根粒が形成される。根粒からは窒素化合物が、植物からは有機物が供給される。

いにメリットのある共生関係が成立することになる。

マメ科植物と根粒との共生に関与するフラボン誘導体として、ナリンゲニン等のフラボン誘導体やダイゼイン等のイソフラボン誘導体が知られている。ノドファクターは数個のN－アセチルグルコサミンがβ-1,4-結合し、これに脂肪酸が結合した構造である。

じつは、根粒菌はマメ科植物と共生し根粒を形成しない状態では窒素固定することができない。ニトロゲナーゼの活性中心で働く因子としてホモクエン酸という成分が必要だが、根粒菌自身はこの物質を合成できず、独立ではニトロゲナーゼが正常に働かない。ホモクエン酸は根粒の中でマメ科の植物から供給される。つまり、根粒菌は、マメ科植物と出会い、根粒を形成し共生してようやく窒素固定ができるようになる。このように、マメ科植物と根粒菌の共生による窒素固定は、フラボン、ノドファクター、ホモクエン酸が関与することによって成立している。

最近はあまり見られなくなったが、かつては田んぼにレンゲの種をまき、5月頃に花が満開になると田んぼにすき込み、水を入れ田植えが始まる光景が普通に見られた。これはレンゲに共生した根粒バクテリアにより固定された窒素化合物を肥料として利用するために行われていた。近年は、合成窒素肥料が便利なため、レンゲを植えてすき込む方法はほとんど行われなくなり、ピンク色のパッチワークのような田園風景が見られなくなりさみしい限りである。

マメ科植物が持つ根粒菌との共生能力を、イネ科の植物や野菜に付与することができれば、窒素肥料の使用量を大幅に減らすことができ、大きな経済的メリットになる。

植物と菌根菌との共生

マメ科植物と根粒バクテリアとの共生ほど一般的に知られていないが、植物の根における菌根菌との共生である菌根の形成はほとんどの陸上植物の生育にとって不可欠である。菌根は、その形態から、糸状菌である菌根菌の菌糸が植物の根に入り込み共生する内生菌根と、菌糸が植物の根の表面を覆うようにして共生する外生菌根に大きく分けることができる。外生菌根は主として木本植物において形成される傾向があり、身近な例としては、高級食材のマツタケや世界三大珍味の一つであるトリュフが有名である。

内生菌根であるアーバスキュラー菌根菌による共生は地上植物の8割で行われているといわれ、その歴史は古く、植物が地上に進出したすぐ後の約4億年前から始まったと考えられている。

アーバスキュラー菌根菌の胞子は菌糸を伸ばし、近くに宿主となりうる植物の根があると、菌糸の先端を枝分かれさせ根の中に入っていき、栄養の交換を行う組織となる樹枝状体（アーバスキュラー）を形成する。菌根菌は菌根を形成し、地中のリン酸、窒素化合物、カリ、水を集めて植物に供給し、植物は光合成で作り出した糖類などの炭素源を菌に供給することにより、お互いにウィンウィンの関係を数億年続けてきたことになる。菌根形成による共生で植物に対する土壌病害が抑制されることも明らかになっている。

このように菌根菌の共生は植物の生育にとっては非常にメリットの大きい現象で農業上も重要であるにもかかわらず、不明な点がたくさんある。菌根菌は植物の根に共生することでのみ生育できる絶対共生菌であるため、人工培地での培養が不可能で、基礎的な研究が遅れているのが現状である。

マメ科植物の根粒形成にはフラボン誘導体がシグナル物質として関わっている。菌根形成においても同様に、植物から菌糸の枝分かれを誘導するブランチングファクター（ＢＦ）のようなシグナル物質が放出されているとの考えから、一部のフラボノイドやカロテノイドにその作用があるのではといわれてきた。

最近、マメ科のミヤコグサを用いてＢＦの探索研究が行われ、ごく微量のＢＦ物質が分離され、最

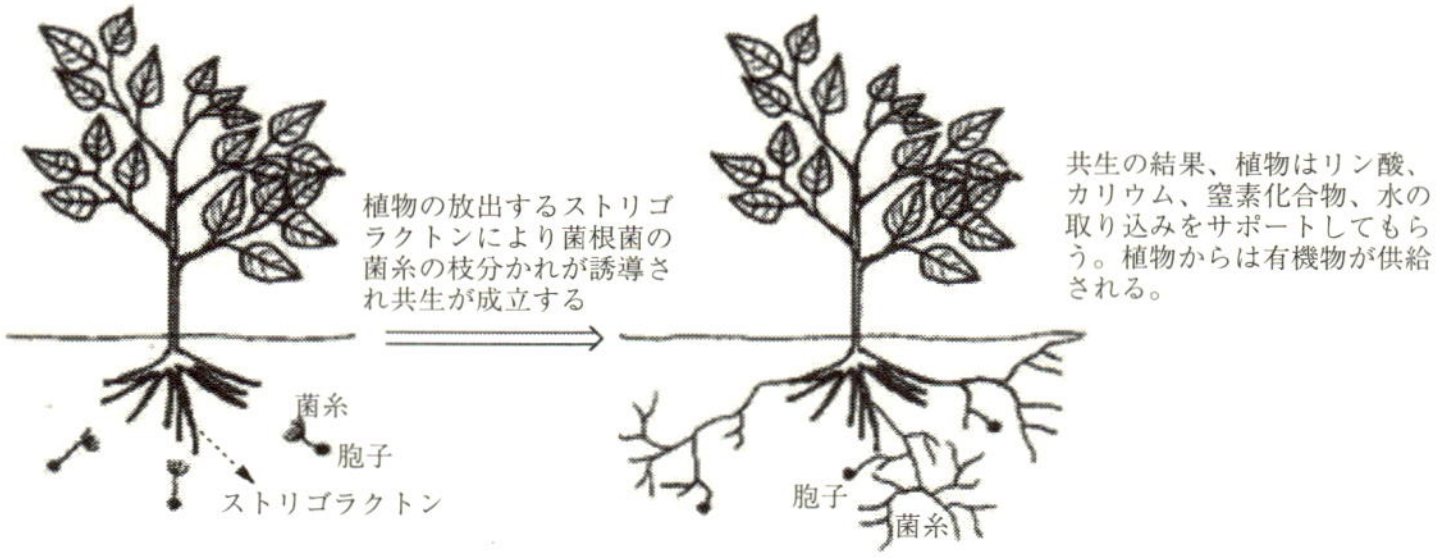

図4－15　植物の根から放出されるストリゴラクトンに応答し、菌根菌が菌糸を枝分かれさせ共生する。

新の分光機器を用いてその構造が5－デオキシストリゴールという物質であることが解明された。この物質はすでに50年前にワタから分離され、今では、植物の側芽の形成の制御に関わる植物ホルモンのストリゴラクトン（第3章で述べた）の仲間であることが明らかになっている。5－デオキシストリゴールはピコグラム（pg、1兆分の1グラム）レベルの極微量で、菌根菌の菌糸の分枝を誘導するともされている（**図4－15**）。

◎〝寄生植物〟の種子発芽を誘導

一方、ストリゴラクトンは、寄生植物ストライガの種子発芽を促進する物質として分離報告されている。同じ寄生植物として、我が国ではハマウツボ（*Orobanche coerulescens*）やナンバンギセル（*Aeginetia indica*）などが知られている。

これら寄生植物は葉緑素を持たず、光合成能を放棄し光合成植物に寄生して生きている。これらは、光合成植物が植物ホルモンとして、また、菌根菌の共生を誘導するために合成し根から放出しているストリゴラクトンを、宿主植物の存在を知るシ

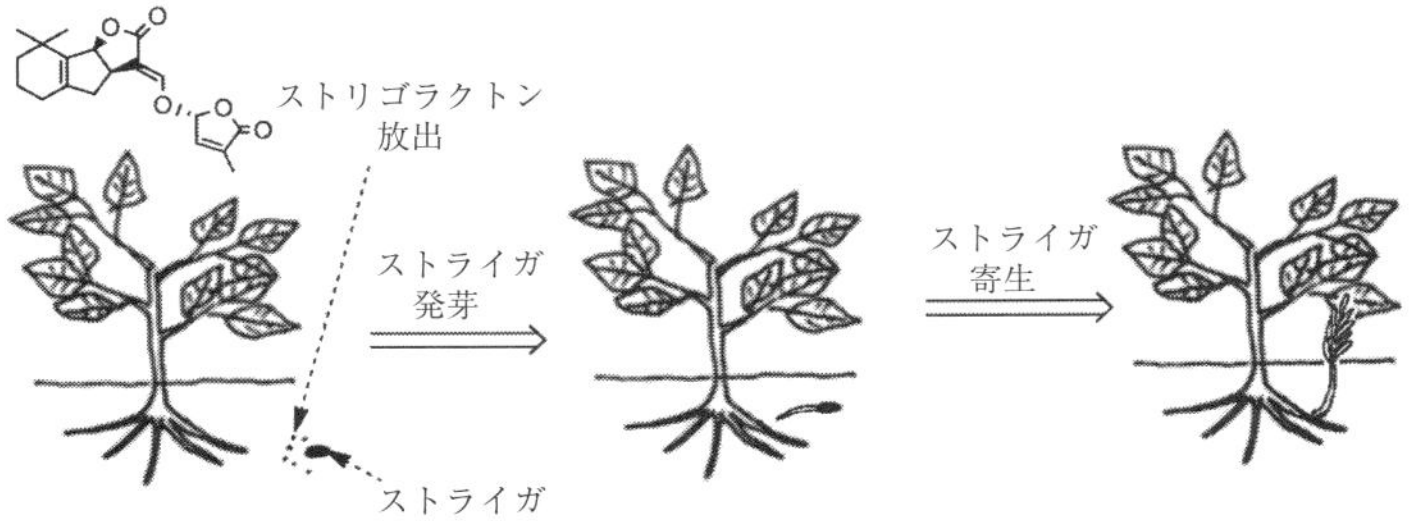

図4－16　寄生植物ストライガは、植物が菌根菌との共生のために放出するストリゴラクトンを感知し、宿主植物の存在を確認し発芽して寄生する。

グナル物質として利用している。寄生植物は、宿主植物のないところで発芽してしまえば死んでしまうことになるため、植物が放出するストリゴラクトンを感受することにより寄生する宿主植物の存在を確認し、安心して発芽し寄生することができる（図4－16）。

比較的最近になって多種類のストリゴラクトン誘導体が分離されてきたが、ストリゴラクトン誘導体は、植物ホルモンや菌根形成誘導物質、そして寄生植物の種子発芽の誘導物質として、植物において多彩な生理活性を有している注目すべき物質である。

地球の人口は70億人を突破した。そのうち10億人以上が慢性的な飢餓にさらされていると考えられているが、今後さらなる人口増が予想され、食糧の増産と効率的な分配が喫緊の課題になってきている。農作物の増産には農業作物を栽培する土壌の改良が必要であり、そのためには、農作物と菌根菌との良好な共生がますます重要になってきている。

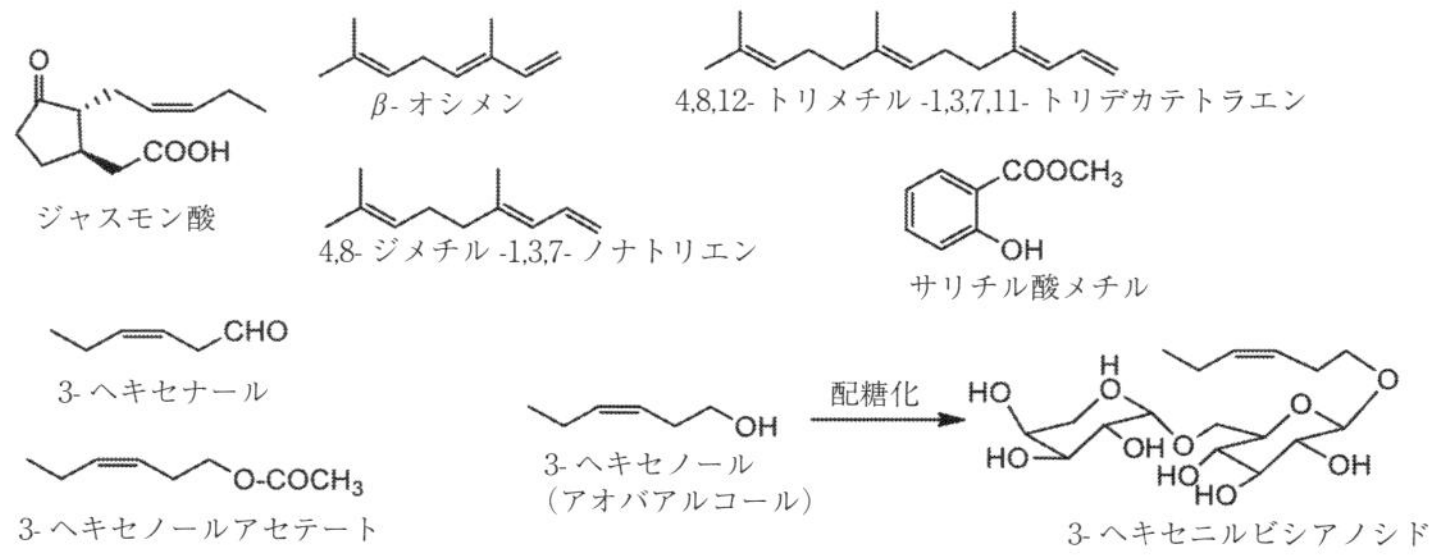

図４－17　植物間のコミュニケーションにはモノテルペンや低分子のオレフィン誘導体など揮発性の成分が関与している。

植物間のコミュニケーション

植物は光合成を行う独立栄養生物の道を選択した結果、地に根を張り生きていくことになった。動けないし、話すことも、見ることも、聞くこともできない。植物は同じ種類の植物の間で、また異なる種類の植物との間で情報交換は行っているのだろうか。こんな疑問も湧くが、植物がお互いにコミュニケーションをとっているなんてありえないという考えが一般的であった。しかし、最近、多くの研究から植物間でコミュニケーションが行われていることが明らかになってきた。そこでは、やはり化学物質が関与している（**図４－17**）。

植物は、昆虫や草食動物による食害等のストレスを受けると、揮発性のモノテルペンを放出し、さらに植物ホルモンであるジャスモン酸メチルやエチレンも発散する。また、草刈などを行ったときに草や葉から放出される緑の香りと呼ばれる独特の香り成分は、炭素数６の鎖状のアルデヒド誘導体である３－ヘキセナール、アルコール誘導体である３－ヘキセノール（アオバアルコールと呼ばれている）およびその酢酸エステルである３－ヘキセノールアセテートなどオレフィン誘導体で、食害を受けたとき盛んに発散され個体間に危機を伝えるコミュニケーション物質として働く。このほか、サリチル酸やそのメチルエステル体であるサリチル酸メチルも食害された植物から発散され、他の植物に危険を知らせていることが明らかになっている。このような情報は同じ仲間の植物だけでなく、他の植物に対しても伝えられている。

先に述べたリママメは、ナミハダニに食害されると、テルペノイドであるβ－オシメン、4,8－ジメチル－1,3,7－ノナトリエン、4,8,12－トリメチル－1,3,7,11－トリデカテトラエンおよび芳香族化合物であるサリチル酸メチルを放出して、植食者の天敵を呼ぶ。これらの成分を感知したリママメ健全植物では、生体防御関連遺伝子の発現が誘導され抵抗性が誘導されることが確認されている。

また、食害昆虫ハスモンヨトウに食害されたトマトは3－ヘキセノールを放出する。近辺にあるトマトの健全植物はそれを受け取ると、3－ヘキセニルビシアノシドに配糖化することが明らかになっている。この新たに生成された配糖体にはハスモンヨトウの幼虫の成長や生存率を抑制する作用があり、同様の現象は他の植物でも確認されている。

第5章　繁殖戦略――鮮やかな色と甘い蜜

生物の使命は、子孫を残し種を繁栄させることである。そのための生殖行動は、動物の場合は能動的だ。我々人間は甘いささやきや態度で表し、鳥などは鳴き声や派手な羽を広げて踊ったりのパフォーマンスで求愛行動を行う。昆虫は性フェロモンを放出し異性を呼び、またホタルは光のシグナルで異性を引き寄せ、セミなどは鳴き声で求愛する。動物は、配偶者を求めて激しく戦うこともある。

このように動物は直接的に異性に求愛行動を行うが、動くことのできない植物はまったく異なった方法で生殖を完成させなければならない。そのために、多くの植物は昆虫、鳥、動物の力を借りて花粉の放散や種子の散布を行ってもらう独特の化学戦略を進化させてきた。

花と果実の色

四季折々、多くの花が我々の目を楽しませ、生活に安らぎと豊かさを与えてくれる。花は、赤、青、黄、紫、ピンク色とさまざまな色で咲き、果実も成熟すると黄、赤、紫色など華やかに色づく。

虫媒花では、昆虫に花粉を別の個体の雌しべに効率的に運んでもらう必要がある。蜜を蓄えた花をより目立たせて昆虫を引き寄せるため、花弁に鮮やかな色をつける方法を進化させてきた。一方、受粉後に種子が成熟したときにはタイミングよく果実を鳥や動物に食べてもらい、その中に含まれる種子を運ばせて広く分布させる必要がある。そこで、果実が登熟したことのシグナルとして赤や紫に着色する方法を発達させてきた。このように、植物から昆虫や鳥や動物に対する誘いのシグナルとして、花や果実に鮮やかな色をつけるという手段を発達させている。

花や果実の色などの色素として、アントシアニン、ベタレイン、カロテノイド、フラボノイド、クロロフィルなどの色素が知られている。我々はこれらの色素を染料や食品の着色料として利用している。また、カロテノイドやフラボノイドは、色を表現するだけでなく、地球に降り注ぐ太陽からの有害な紫外線による障害を防ぐためにも働いていると考えられている。

アントシアニン——鮮やかな花の色を演出

◎一流科学者が関わった花の色素の歴史

色とりどりの花の色はどんな物質からできているのか、どんなメカニズムで鮮やかな色が出るのかは長い間人々の興味を引いており、古くから多くの一流の研究者によってその解明の努力が行われてきた。特に青い花の色には興味が持たれ、１９００年代初め頃、ノーベル化学賞を受賞したドイツの

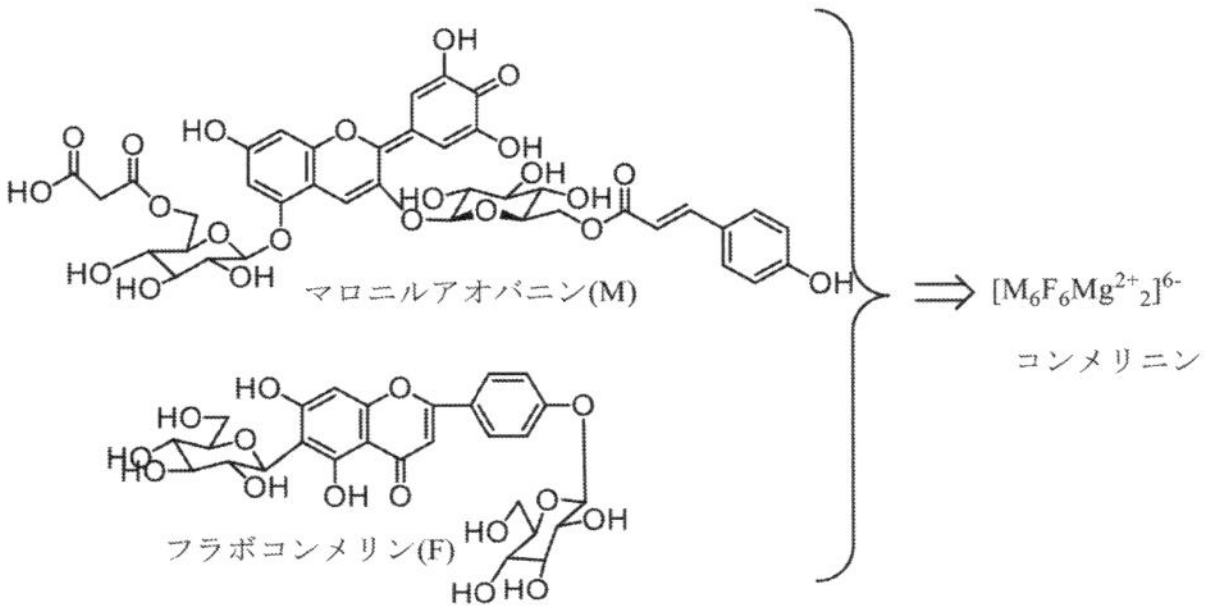

図５−１　ツユクサの青い色は、アントシアニンであるマロニルアオバニン６分子、フラボン誘導体であるフラボコンメリン６分子とマグネシウムイオン２つが安定な超分子構造を形成したコンメリニンにより発現されている。

R・M・ウィルシュテッターは、アントシアニンは酸性では赤色、塩基性では青色系統の色になることから、アントシアニンによる花弁の青色は、液胞が塩基性になることで発現されるとするピーエッチ（pH）説を主張していた。

一方、日本の柴田桂太らは、もともと液胞は酸性で、塩基性になることは考えられないとしてウィルシュテッターらのpH説を否定し、カルシウムやマグネシウムなどをアントシアニンと混ぜると、酸性でも安定的に青色を示すことから、金属が関与することで青色を呈すると主張していた。

その後、１９００年代半ば過ぎには、我が国の林孝三らのグループ、さらに後藤俊夫らのグループにより、ツユクサの青い色コンメリニンの正体が明らかになり、その色の発現のための手の込んだ仕組みが解明された。その後の我が国の多くの研究者の努力により、アントシアニンの花の色に関する研究は進んでいる。

コンメリニンは、フラボノイドの誘導体デルフィニジンに糖が結合し、さらに*p*−クマル酸が結合したマロニルア

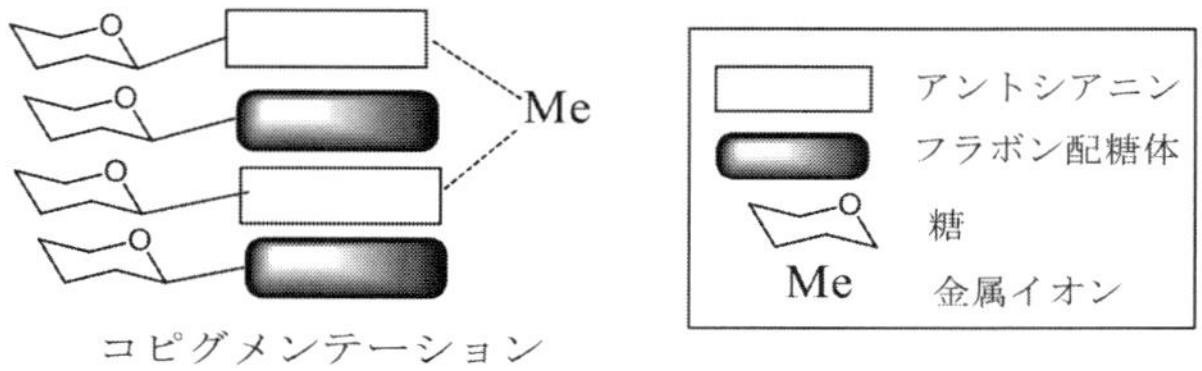

図５－２　アントシアニンにフラボン配糖体や金属イオンが関与するコピグメンテーションによって、アントシアニン単独では不可能な色を発現する。

オバニンが６分子とフラボコンメリンというフラボン配糖体６分子が、２個のマグネシウムイオンの関与によって安定な超分子構造体を形成することで青色を発現する（**図５－１**）。

その後、多くの植物から花の色の正体であるアントシアニン誘導体の化学構造が明らかになってきた。アントシアニンだけでなく、そこに結合しているフラボンやフェニルプロパノイドの存在、フラボン配糖体や金属の相互作用で安定化したモデルが確かめられている。このように、色素の本体であるアントシアニジン構造に色を持たないフラボンやアシル基が相互作用することで、アントシアニンの発色をさまざまに変化させ安定化する現象をコピグメンテーションと呼んでいる。**図５－２**に示すように、アントシアニンの芳香環部分とフラボン配糖体の芳香環部分がお互いに電気的に相互作用し安定な超分子構造を作ることで多彩な色の発現を可能にしている。

ツユクサだけでなく、ヤグルマギク、ヒマラヤの青いケシであるメコノプシスも、アントシアニンにフラボノイドや金属が関与したコピグメンテーションによって安定した青い色を呈していることが明らかになっている。

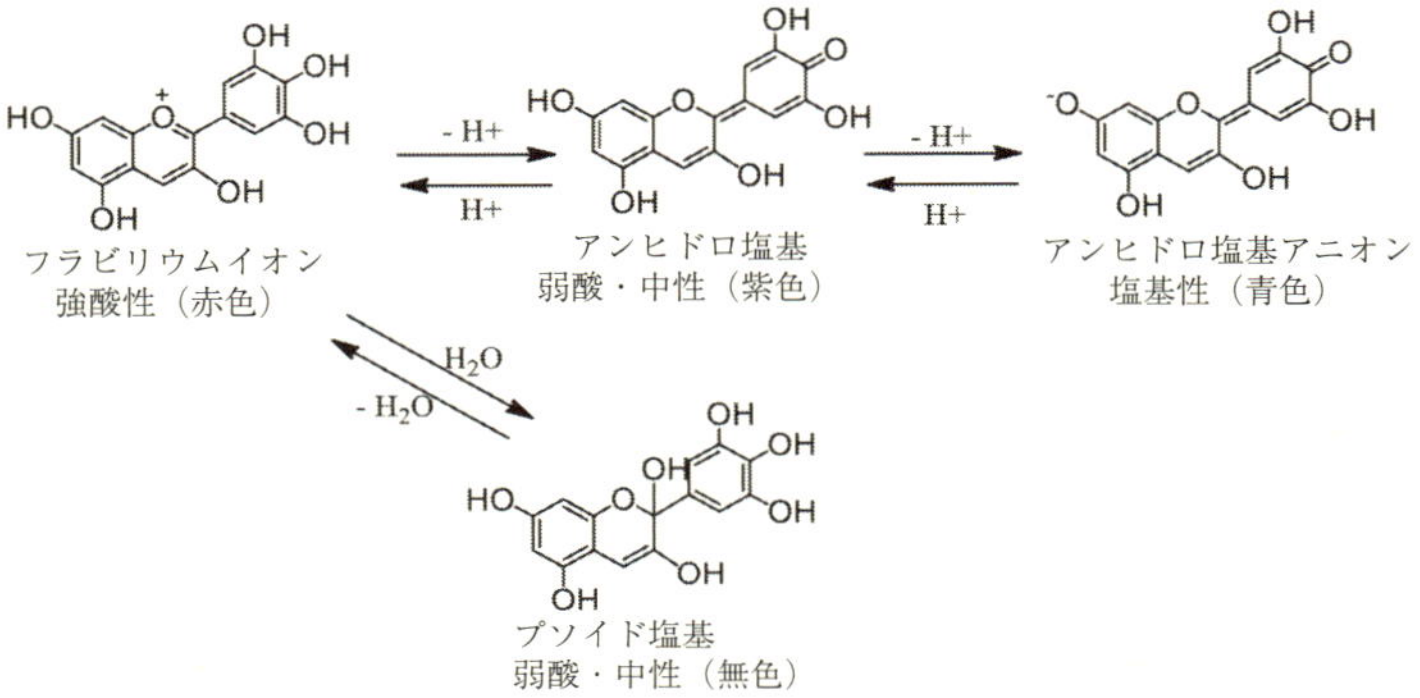

図5－3　アントシアニンの発色の基本構造であるアントシアニジンは、溶液のpHによって発色が大きく影響される。

◎金属やpHの関与

花の色としてだけでなく、葉の紅葉の色や、ブルーベリーなどの熟した果実の色もアントシアニンによることが知られている。コピグメンテーションに関係なく、アントシアニンの構造の違いや、液胞のpH、存在する微量金属の違いなどによって花の色が微妙に変化する例も見られる（**図5－3**）。アントシアニジンはpHや金属イオンなどの影響により共鳴構造が変化し、光の吸収波長が変わるため発色が異なってくるのである。

西洋アサガオでヘブンリーブルーと呼ばれるものは鮮やかな空色であるが、開花直前の蕾《つぼみ》では赤紫色である。蕾の赤紫色の状態と開花した空色の状態における花弁の液胞のpHを測定してみると、蕾ではpH6・6でやや酸性、開花したときはpH7・7でやや塩基性ということがわかり、アサガオは液胞のpHを変化させることで花の色をコントロールしていることが明らかになった。マメ科のヒスイカズラの青色も液胞が塩基性になることで青色を呈

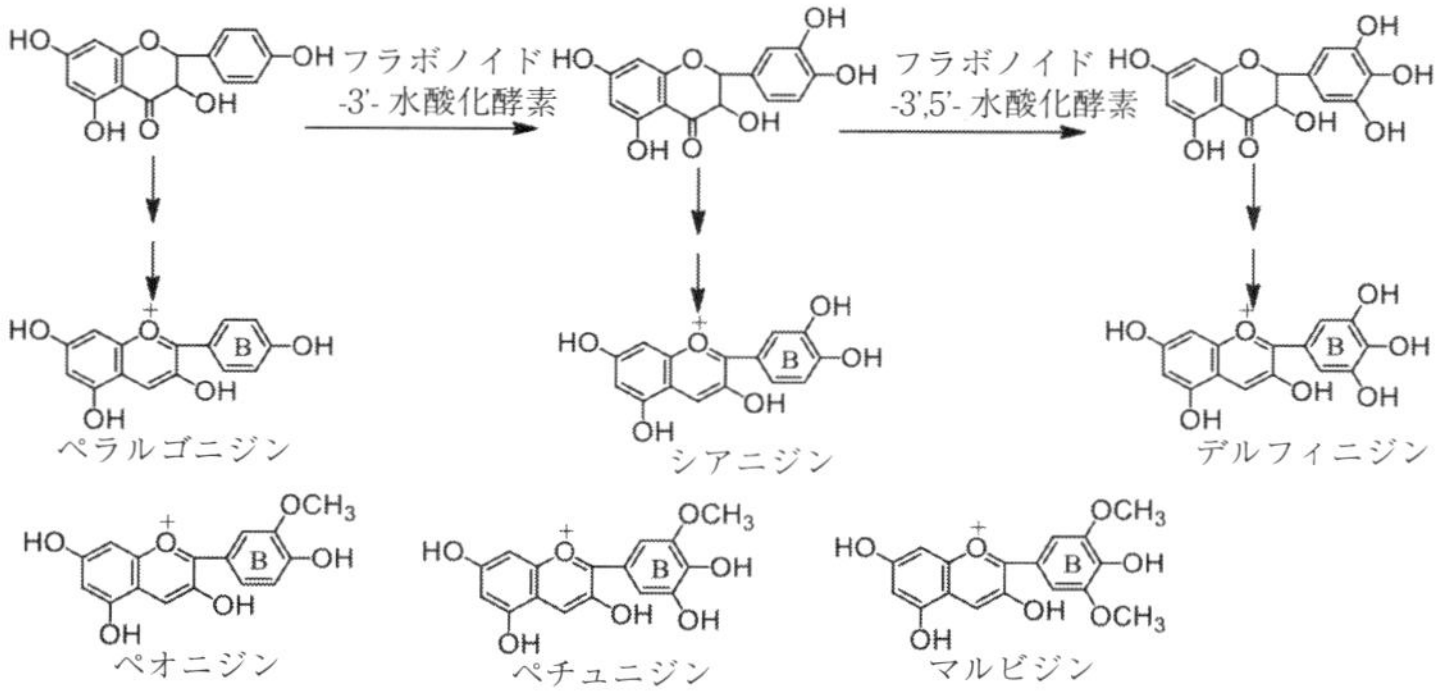

図5－4　アントシアニジンはＢ環に存在する水酸基の数によって発色が影響される。水酸基以外にメトキシ基が結合したアントシアニジンも存在する。

していることが知られており、ウィルシュテッターのpH説を支持する結果になっている。

花では、サイネリア、ペチュニア、カーネーション、キキョウ、ネモフィラ、キクが、果実やベリー類では、イチゴ、ブドウ、プルーン、ブルーベリー、ブラックベリー、ラズベリー、クワなど、野菜や根菜類では、ナス、赤タマネギ、赤シソ、赤キャベツ、紫イモ、黒米等がアントシアニンを持つものとして知られている。また、新芽の赤色もアントシアニン色素によるものである。

◎色を決める水酸基の数

アントシアニンの糖鎖を除いたアグリコンはアントシアニジンと呼ばれ、発色の基本構造となっている。**図5－4**にアントシアニジンの構造を示すが、フラボン骨格のＢ環に結合する水酸基（-OH）の数が、アントシアニジンの色に大きく影響していることが明らかになっている。水酸基の数が、１つ、２つ、３つと増えるに従いアントシアニンの吸収する光の波長が長波長側に変化し、花の色は黄色系から青系に変化していく。基本的に、B環に1つの水酸基を持つペラルゴニジンは橙色系統、2つ持つシアニジンは赤色系統、3つのデルフィニジンは紫から青色系統の色を示すことになる。なお、アントシアニジンの水酸基の数は、フラボン水酸化酵素により順次増えた後、複数の反応を経て色の変化をもたらす。もちろん、色素の存在する液胞のpHや金属イオンの種類にも影響を強く受けるため、生育する土壌にも左右される。

紫陽花寺として有名な鎌倉の明月院では、アジサイの花の色を青い系統に維持するため、土壌を酸性にしているとの話もある。これは、アジサイの青い色の発現にはアルミニウムイオンの関与が重要で、アルミニウムイオンは酸性条件でより効率よく吸収されるためといわれている。

アントシアニジンとして、基本となるペラルゴニジン、シアニジン、デルフィニジン以外にも、B環にメトキシ基（$-OCH_3$）が結合したペオニジン、ペチュニジン、マルビジンなども花の色素として働いている。

◎青いバラは遺伝子操作で

ヨーロッパではバラの栽培や品種改良が盛んだったが、青い色のバラの作出は困難で育種家の長年の夢だった。青いバラの花言葉が「不可能」となるほどだ。育種家がどんなに頑張っても青いバラができないのは、バラには、アントシアニジンのB環に3つ目の水酸基を導入する酵素であるフラボノイド-3',5'-水酸化酵素(F-3',5'-H)の遺伝子が存在せず、デルフィニジンを合成することができないためである。カーネーションやキクやユリもこの酵素の遺伝子を持っていない。

遺伝子分野の研究が盛んに行われた結果、アントシアニジンの生合成も含めフラボノイドの生合成に関連した遺伝子はことごとく解明され、近年は、植物の遺伝子操作の技術も発達してきた。そのため、遺伝子操作でデルフィニジンを生合成できるバラを作り出すことが可能と考えられ、日本企業とオーストラリア企業の共同研究により、F-3',5'-H遺伝子を青いパンジーから取り出しバラに導入し、デルフィニジン生合成能力を持つバラを作成した。期待通りF-3',5'-H遺伝子が発現した青いバラが誕生し、アプローズという名で商品化されている。

バラではコピグメンテーションのための補助色素や金属イオン、pHなどの条件が液胞で充足されていないため完全な青い色の発現には至っていない。しかし、遺伝子操作でF-3',5'-H酵素を発現している青に近い色のバラを作れたのは大きな成果で、夢の達成に大きく近づいたということで話題になった。今もさらに青色の濃いバラを作出する努力が続けられている。

一方、ペチュニアのF-3',5'-H遺伝子を遺伝操作で導入したカーネーションでは、コピグメント効果の条件が整っているため、青いカーネーションが商品化されムーンダストとして発売されている。

食品の分野においても、美しいアントシアニン色素は食用色素として古くから用いられている。ナスのぬか漬けを作るとき、ぬか床に古釘を入れると鮮やかな青色ナスの漬物になるが、これは釘に含まれる鉄イオンが、ナスの皮にあるアントシアニンと結合しメタロアントシアニンになり安定な青色を呈するからだ。梅干しの鮮やかな赤色は、赤シソの赤いアントシアニン色素による。最近はベリー類や紫イモなどの鮮やかな色素も食品の着色に広く利用されている。

カロテノイド――トマトの赤色、イチョウの黄色

カロテノイドは花や葉、果実の色素等として植物に広く分布しており、特に黄色から赤色系の花の色においては重要な役割を果たしている。また、野菜や成熟した果実の色にとっても重要な色素であり、光合成の際の補助色素や、有害紫外線の防御物質としても重要な働きを担っている。

カロテノイドの構造等については第2章ですでに述べたが、炭素数40のテルペノイド誘導体である。炭素と水素だけから構成されるカロテン類と、さらに酸素官能基を持つキサントフィル類に分類される（**図5-5**）。カロテン類であるβ-カロテンやリコペンなどはニンジンやトマトの色素として、キサントフィル類であるゼアキサンチンやルテインなどは緑黄色野菜に存在している。秋に葉緑素が分解すると、カロテノイドの色が顕在化して黄色く色づいたイチョウを楽しむことができる。

カロテノイドは植物だけでなく、菌類や藻類などによっても生合成されている。動物においても広く分布する重要な天然色素である。しかしカロテノイドを生合成することができない動物は、主として植物から食事として取り込んだり、食物連鎖で菌類や藻類から魚介類に取り込まれたカロテノイドを摂取している。動物は、生きていくために外から取り込んだカロテノイドを代謝して必要な生理活性物質に変換して利用している。

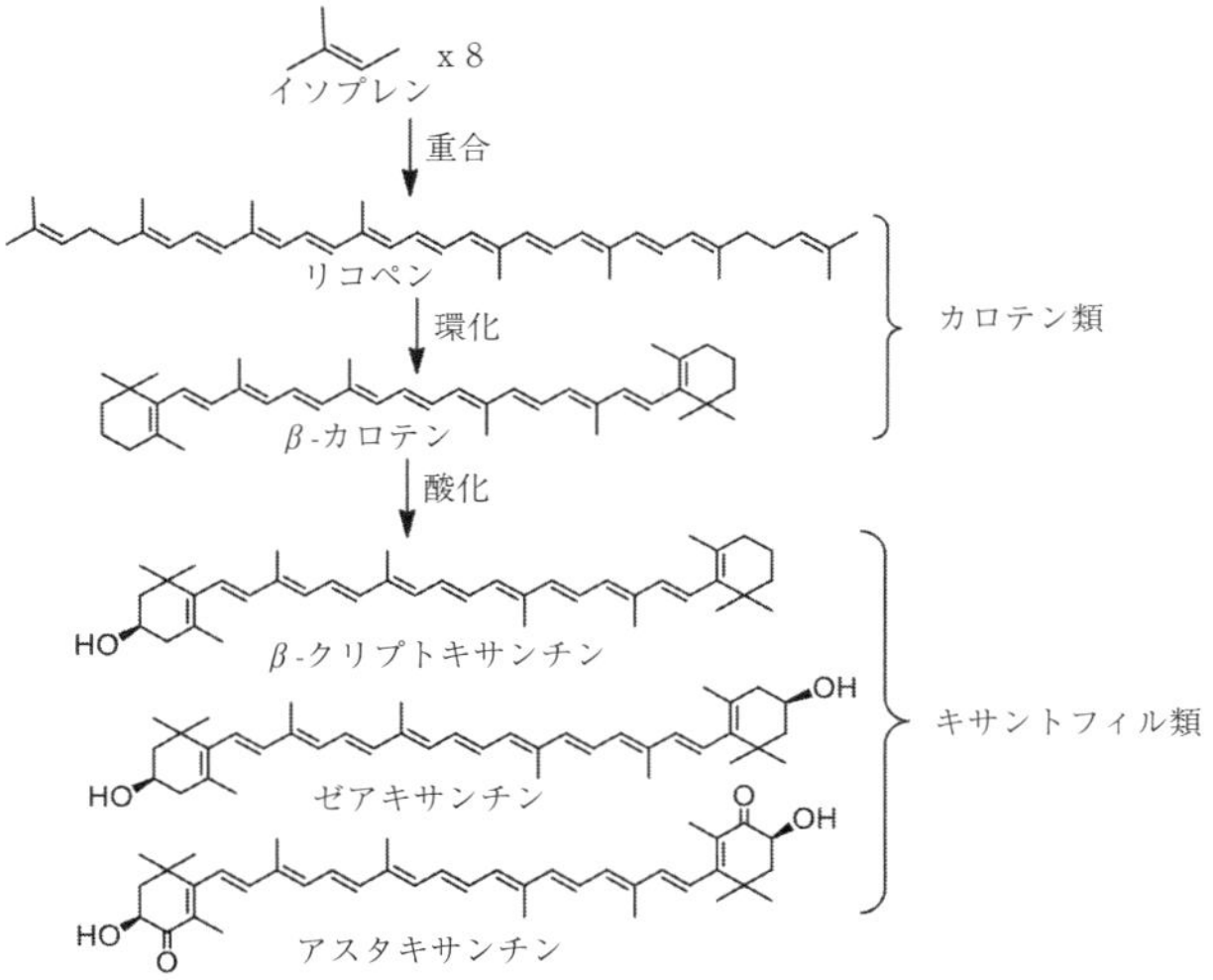

図5-5　カロテノイドはイソプレンが8つつながったテルペノイド誘導体で、酸素を含まないカロテン類と、酸素官能基を持つキサントフィル類に分けられる。

また、魚の鮮やかな色のもとになっているのは、メラニン色素とともに、カロテノイドやカロテノイドとタンパク質が結合したカロテノプロテインだ。エビやカニがゆでると真っ赤になるのは、カニやエビの甲羅には、食物連鎖で取り込んだアスタキサンチンがタンパク質と結合して灰緑色の色素として存在しており、加熱でタンパク質部分が外れアスタキサンチンの形となり、さらに水酸基がカルボニル基に酸化されアスタシンという化合物になることによる。サケの身のオレンジ色やタイとコイの体表の赤い色も、食物連鎖でそれぞれが取り込んだアスタキサンチンによるものである。

カロテノイドは、色素として植物の生命活動に大きな役割を持っているが、植物体内では、カロテノイドを原料として、植物ホルモンであるアブシジン酸やストリゴラクトンが誘導される。また、我々哺乳動物にとっては、視覚における光の受容物質であるビタミンAなどの重要な原料になっており、その他にもいろいろな場面で我々の健康に大きく関与している。

ベタレイン——ナデシコ目の一部の科に特異的な色素

ベタレインの名の由来は、この色素が最初に発見されたヒユ科のビーツの学名、ベタ・ブルガリス（*Beta vulgaris*）による。ベタレインはアントシアニンと同様、花や植物の鮮やかな色を発現する重要な色素だが、分子中に窒素を含んでいるアルカロイドの仲間でアントシアニンとはまったく異なるタイプの化合物ということになる。

ベタレインは、分子の構造から、ベタシアニン類とベタキサンチン類の2つのグループに大きく分けることができる。ベタシアニン類は赤紫色の、ベタキサンチン類は黄色の色素で、両者が共存し混じり合うことで、鮮やかなピンク色も発現する。

サボテン、マツバボタン、ツルムラサキ、ブーゲンビレア、オシロイバナ、ケイトウの花の色、ビーツやホウレンソウの根元の部分、ヨウシュヤマゴボウの紫色の熟した果実などの色素として働いており、ベタレインを色素として含む植物はすべてナデシコ目に属するアカザ科、ヒユ科、オシロイバナ科、ヤマゴボウ科、ツルムラサキ科、サボテン科、ナデシコ科などだ。ただ、ナデシコ目の中でも、ナデシコ科とザクロソウ科の植物では、ベタレインでなくアントシアニンを色素として用いているものもある。

このように、ベタレインは一部の植物に偏って存在する色素である。ベタレインが色素として働いている植物では、アントシアニンが見つかっておらず、アントシアニンとベタレインが同じ植物で同時に見つかる例はない。

なぜそのようになっているのかの明確な理由はわからない。ナデシコ目に属するある種の植物は、アントシアニンの生合成能力を持たなかったため、その代替手段として、ベタレインを生合成して色素として用いる方法を進化させてきたものと考えられる。なお、担子菌類ベニテングダケの傘の真っ赤な色もベタレインによるものだ。ベタレインには青色を示すものがないので、ベタレインを色素とする植物には青色の花はない。

ベタレインは安定で水に溶けやすい構造を持っていて、ベタレインやアントシアニンはともに液胞の水に溶けて存在して色を発現している。ベタレインの生合成の出発物質はアミノ酸であるL‐チロシンで、L‐ドーパを経由してから生合成されるベタラミン酸とアミノ酸であるL‐プロリンがアミド結合で生じたものがベタキサンチン類となり、ベタラミン酸とL‐ドーパが反応して生じたものがベタシアニン類となる（**図5‐6**）。さらに部分的な構造上の修飾を受け、何種類かのベタレインが誘導されてくる。

アントシアニン系色素には多くの化合物が存在し多様性があり、コピグメンテーションという複雑な仕組みで存在するのに比べて、ベタレインは比較的単純な構造をしている。しかし、アントシアニ

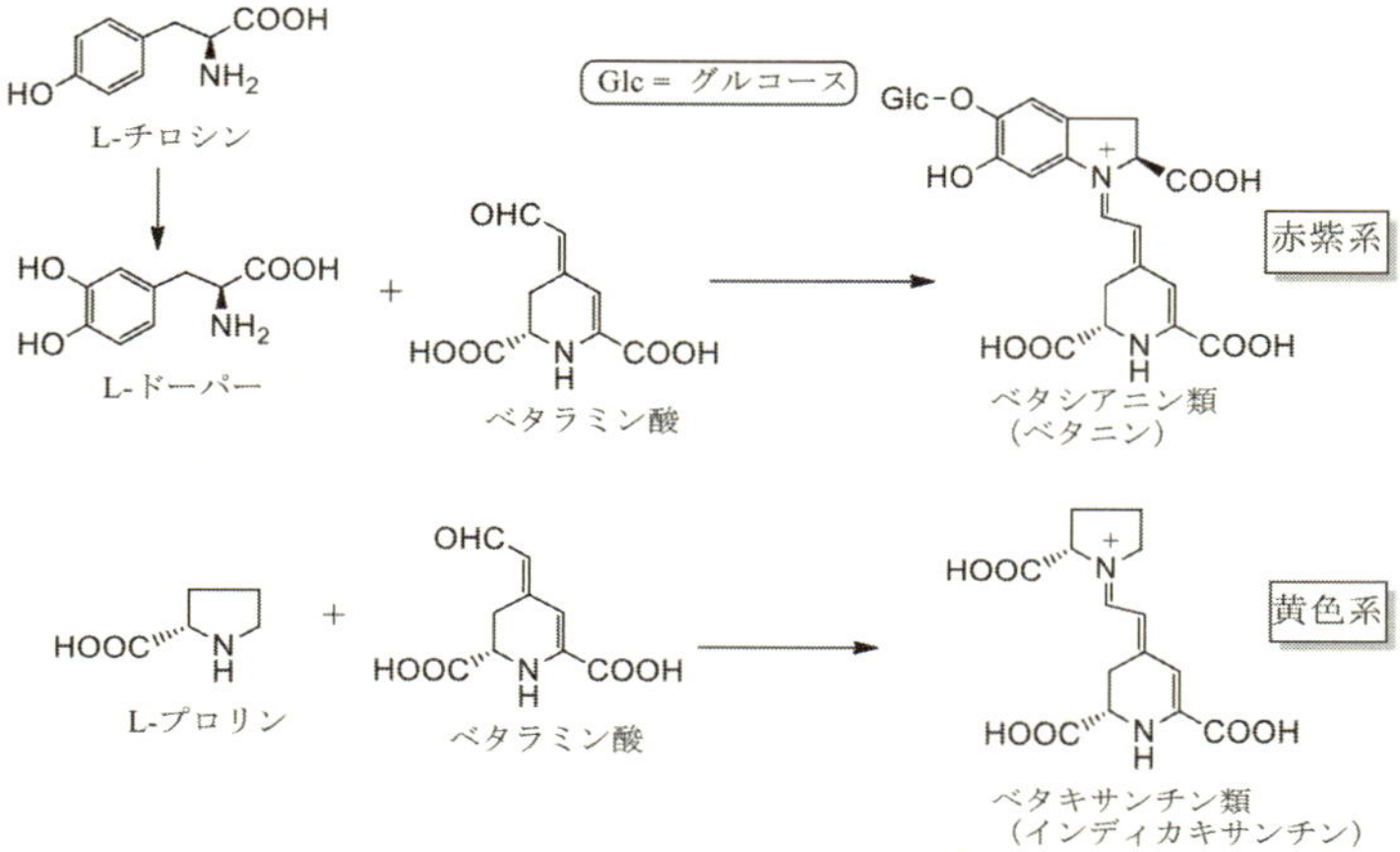

図5-6　ベタレインはL-ドーパやL-プロリンから誘導され、赤紫系のベタシアニン類と黄色系のベタキサンチン類に分類される。

ン、カロテノイドなどの色素の生合成経路や関連酵素はほとんど解明されているのに比べ、ベタレイン類の生合成関連酵素の研究はあまり進んでいないようだ。

アントシアニンは色素として以外に、強い抗酸化活性を持つことから、生活習慣病などに対しても予防効果が期待されている。ベタレインに関して従来はあまり生理活性に関する報告はなかったが、最近では、アントシアニンと同様の抗酸化活性などが報告され、関連研究が行われてきている。

一般的にアルカロイドは強い毒性があると考えられているが、ベタレインはアルカロイドであるにもかかわらず、毒性の報告はない。そのため、赤ビートのベタレインは食用色素として用いられている。

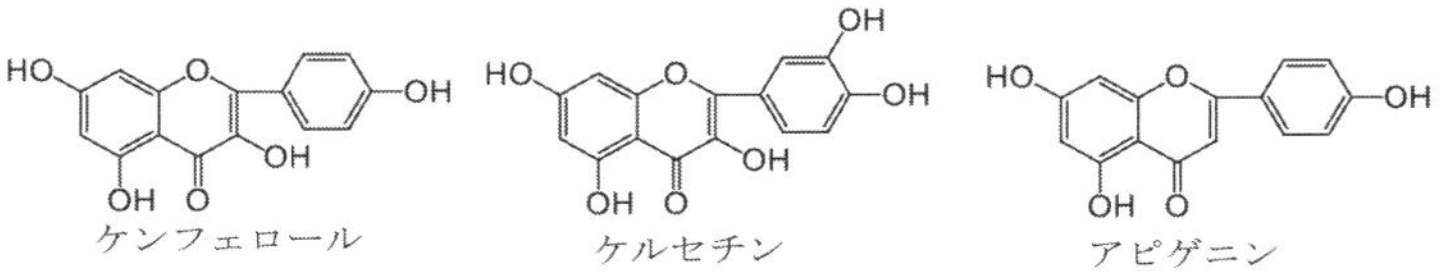

図5-7　黄色系の色素としてフラボンやフラボノール誘導体が存在する。

フラボノイド――抗酸化活性を持つ黄色い色素

アントシアニン以外のフラボノイドの一部が、黄色の色素として花や果実、野菜の色に関係している。なお、それ自身が色を持たない一部のフラボノイドは、先に述べたように、アントシアニンと協力しコピグメンテーションによりツユクサやメコノプシスなど、花の青い色を演出している。

色素としてだけでなく、ケルセチン等のフラボノイドが持つ紫外線領域の特定波長の光を吸収する性質は、生物にとって有害な紫外線であるUV-Bなどの光を吸収し、光合成に必要な光は通過させることにより、植物に対する光障害の遮蔽物質としても重要な働きをしている。

また、フラボノイドは、植物に最も普通に存在する成分で、緑黄色野菜や果物にも含まれており、フェノール性水酸基を複数持っていることからポリフェノール誘導体の代表としてよく知られ、強い抗酸化作用を期待され、我々の生活習慣病などの予防に大きく寄与していると考えられている。ケンフェロール、ケルセチン、アピゲニンなどのフラボノイドが野菜や果物の代表的な成分として知られている（**図5-7**）。また、フラボノイドが意外なところで植物と微生物、植物と昆虫との間のコミ

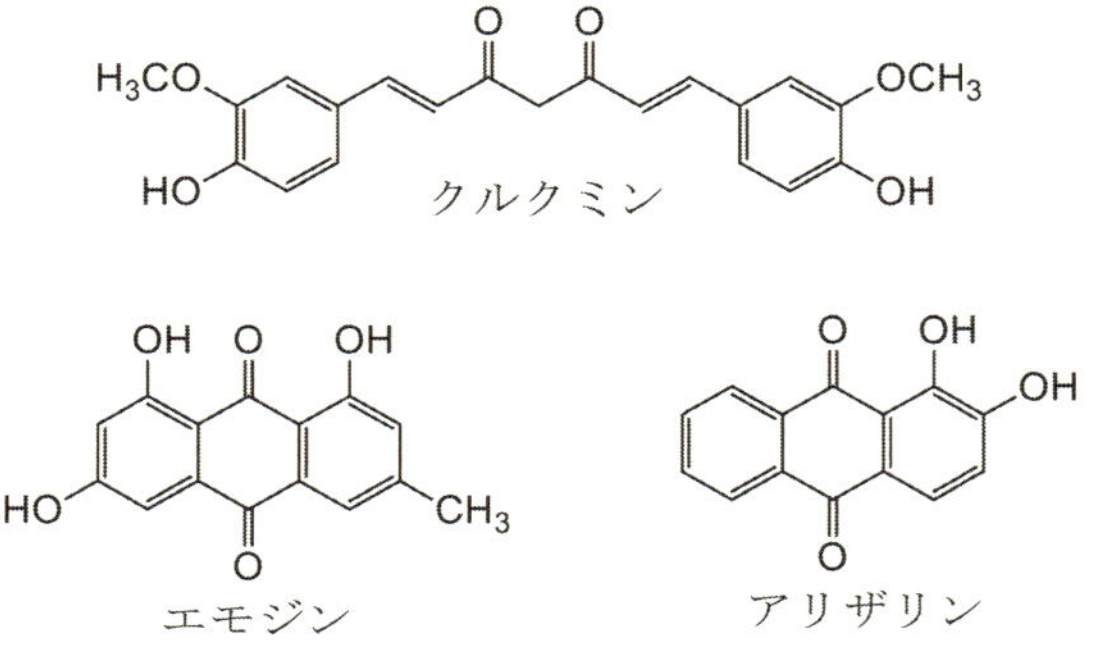

図5－8　黄色系、橙色系、赤系の色素として、クルクミンやアンスラキノン誘導体が知られている。

ユニケーションを仲介する物質として働いている例については第4章ですでに述べた。

その他の色素

以上述べたほかにもいろいろな植物色素が知られている（**図5－8**）。カレー粉の重要な原料であるターメリックはショウガ科のウコン（*Curcuma longa*）から調製された香辛料で、クルクミンと呼ばれる黄色色素を多量に含有し、たくあんの着色料などとして用いられている。クルクミンは抗酸化作用が強く、我々の健康維持に有効であるとの期待が持たれ、機能性に関する多くの研究報告がある。

果実や樹木に含まれ、空気に触れることで発色する色の成分として、カキやクルミのナフトキノン誘導体が知られている。また、生薬大黄《だいおう》の成分であるエモジン、セイヨウアカネ（*Rubia tinctorum*）のアリザリンなどのアンスラキノン誘導体なども知られている。これらの色素のあるものは、植物が傷ついたとき、傷口が空気に触れることでナフタレン骨格やアントラセン骨格を持つフェノール配糖体の糖が加水分解で取り除かれ、フェノール性水酸基が露出し、空気酸化によりキノン誘導体に変化し黄色から橙赤色色素となり、傷口を雑菌の侵入から守るために働いている。

紫外線ストレスと植物色素

長い悪天候が続いた後の久々の晴天や、寒い冬の太陽の光は本当にホッとする最高の贈り物だ。そのため、我々は太陽の光のメリットしか意識しないのが現実である。しかし、水素からヘリウムへの核融合反応の結果発生する膨大なエネルギーが太陽の光となり降り注いでいる。その光は有害紫外線を含む幅広い波長で構成されている。オゾン層のおかげで多くが遮蔽されているとはいえ、太陽の光の中にはなおも有害な紫外線が含まれている。

植物は光合成を行うために太陽の光を十分に浴びる必要がある。そのため、多くの植物は上へ上へと伸び、他の植物より太陽光を浴びやすい状況を作ろうと激しい競争をしている。その結果、太陽光の中に含まれる有害な紫外線も浴びることになるから、その障害から身を守る必要もある。有害な紫外線を防ぐためには、光を吸収する物質を植物の表面に配置しなくてはならないが、その結果、光合成に必要な光まで断つことにもつながり、生きていく上でマイナスになる。

有機色素は、光を吸収する、最も遮光効果が期待できる化合物で、植物は種々の色素を遮光の手段としても発達させてきた。カロテノイドは太陽光の紫外線をカットするとともに、光合成に必要な波長の光を吸収し、クロロフィルの光合成を助けている。

また、フラボノイドは紫外線の波長領域に特異吸収領域を持ち、光合成に必要な赤色や青色波長領域の光は吸収しないため、光合成を阻害することなく、有害な光を除去するフィルターとして有効に働いている。そのため、高山等の強い紫外線を浴びる場所に生えている植物では、ケルセチンなどのフラボノイドの含有量を多くすることで紫外線を防いでいるとの研究例がある。カロテノイドやフラボノイドは、紫外線を効率的に吸収し、その遮光を担うとともに、紫外線照射で生産される有害過酸化物質を消去する強い抗酸化作用を有しており、酸化障害から植物を守るためにも働いていると考えられている。

フラボノイドに関しては次のような話もある。水生植物のヒルムシロの仲間では、水面に浮いている葉は、水の中に沈んでいる葉に比べ、明らかにフラボン誘導体の量が多いことが報告されている。水面の葉に比べ水中の葉は、水のおかげで紫外線照射量が少ないことによりフラボノイドの量が少なくても良いのだろう。

以上のように、植物は、カロテノイドやフラボノイドを生合成して有害紫外線を遮蔽し、有害過酸化物を除去すべく化学戦略を進化させたと考えられている。

虫を呼ぶ花や果実の香気成分

バラやウメ、キンモクセイ、ユリなど花の香りは、日常生活のなかで潤いや季節感を与えてくれる。このような花の香りも、ヒトに対する植物のサービスではなく子孫を残すための植物の生殖戦略の一つである。

バラは、一つの花から500種以上の香気成分を放散しているといわれている。植物は受粉を効率化するために、風を利用して花粉を送粉する風媒花と昆虫などの助けを借りて送粉する虫媒花がある。虫媒花の花の香りは、花弁で合成・放出され、ポリネーターと呼ばれる送粉者の昆虫を引きつけるためのもので、盛んに香り物質を発散している花も、受精が成立すると香り物質の発散を止めることが、キンギョソウを用いた香り物質である安息香酸メチルの発散実験で確認されている。

バラの花の香りは特に有名で、蕾から開花までの香り物質の発散を観察した実験が行われている。萼《がく》に覆われた蕾の頃から、ミルセンやサビネンなどの炭化水素型モノテルペンが発散されており、蕾が開き始める頃からモノテルペンアルコールであるゲラニオール、シトロネロール、芳香族誘導体である ベンジルアルコールや2-フェニルエタノールなどが発散され、花が散るまで続き、昼夜の比較では、昼間のほうが発散量の多いことが明らかになっている。植物は花から香気成分を放出し、昆虫を花に呼び寄せ、訪れた昆虫に花粉をくっつけ、他の植物の花に運んでもらう。香気成分の種類により呼び寄せられる昆虫の種類は変わってくる。

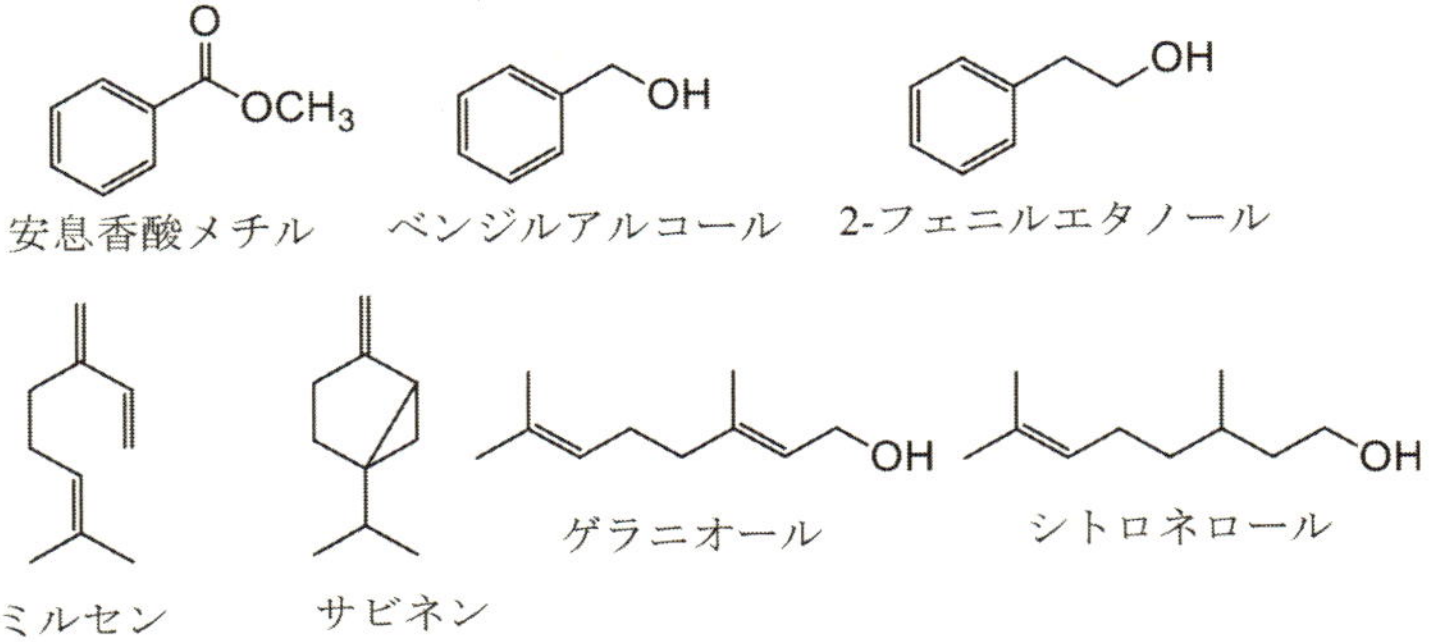

図５−９　花の香気成分はモノテルペン誘導体や低分子の芳香族化合物のように揮発性物質である。

植物は芳香だけでなく、時にはとんでもない匂いを発散して昆虫を呼び寄せ花粉の運搬を行ってもらっている。ボルネオ島などに生息している世界一大きな花ともいわれる寄生植物であるラフレシア（*Rafflesia arnoldii*）は、腐肉性の悪臭を発散することが知られている。この花は悪臭を発散し、ハエなどを呼び寄せて受精を図っていると考えられている。

また、ギネスでは世界一大きな花と認定されているサトイモ科のショクダイオオコンニャク（*Amorphophallus titanum*）の花も、腐臭を発して甲虫を引き寄せ花粉の運搬を行ってもらっている。ちなみに、ショクダイオオコンニャクの花と呼ばれる大きな部分は苞《ほう》という植物の器官であり、本当の花は苞に覆われて存在しそれほど大きくないので、花としてはラフレシアが最も大きいとの考えもあるようだ。

キンギョソウはゴマノハグサ科の植物で、安息香酸メチルを持つ。安息香酸は弱い甘い匂いしか持たないが、メチル化されて安息香酸メチルになると、強くて甘い匂いを持つようになる。安息香酸メチルの発散は昼間に最大となり、このメチル化の反応を触媒する酵素（メチル基転移酵素）遺伝子の発現が、花の成熟する時期に一致していることが明らかになっている。

花の香り成分として、**図5－9**に示すような芳香族化合物やモノテルペン類等多数の揮発成分が関与している。

植物起源の甘味成分

花の蜜はチョウやハチを引き寄せ花粉を運搬してもらい、繁殖を促すための手段として生産していることはよく知られている。甘い芳香を発散する果実も甘味や香りで鳥や動物を呼び寄せ、タイミングよく成熟した果実を食べてもらい、種子を鳥や動物によって運んでもらう。鳥や動物の消化管を通った未消化の種子が排便によって広く分散されることで、その植物の繁殖に有利な結果になる。種子によっては、鳥や動物の消化管を通過することが発芽の必要条件になっているものもある。

花の蜜や成熟果実の甘い味も、色や香りと同様に送粉者や種子の散布者を引きつけるための植物の重要な化学戦略である。

甘味は、基本的な5つの味（甘味、酸味、鹹味、苦味、旨味）の中でも、我々人類にとっては最も身近な、そして好ましい味覚である。スイーツは別腹という甘党の人だけではなく、すべての人にとってなくてはならない味覚だ。甘味物質の代表的なものは砂糖（ショ糖）で、我々人類にとって、最

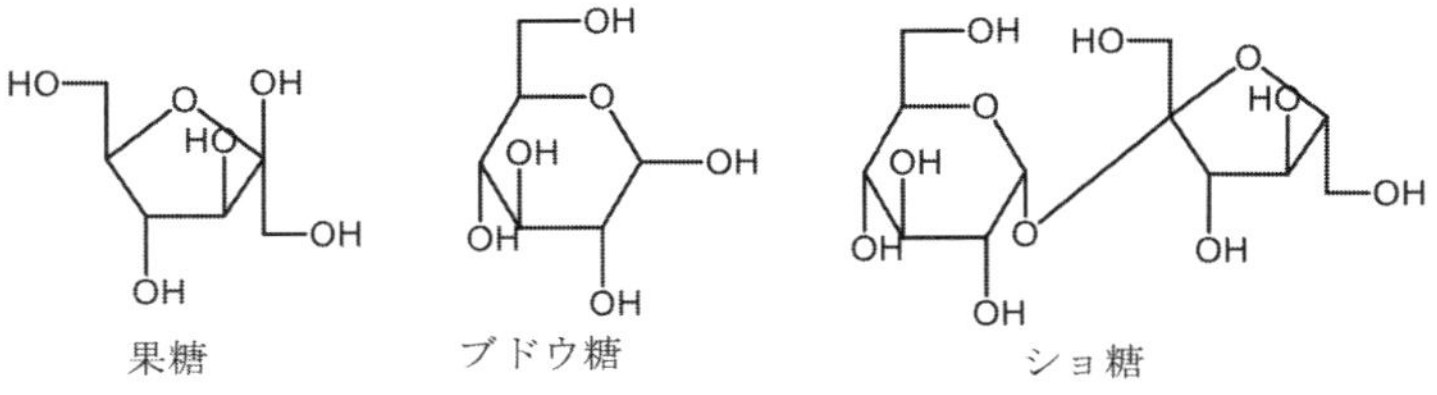

図5-10　甘味物質の代表は果糖やブドウ糖、ショ糖である。

も嗜好性の強い甘味物質である。その他、ブドウ糖（グルコース）、果糖（フルクトース）などの甘い糖化合物があるが、同じ甘味でも、微妙に感じられ方が異なっている（**図5-10**）。

ショ糖の甘さに勝る甘味はないが、ショ糖の摂りすぎは肥満や糖尿病の原因ということで、摂取を控える必要がある人も数多くいる。そのため、ショ糖に代わるカロリーの低い甘味物質として、数多くのダイエット甘味料が開発され、多くのダイエット飲料が普通に見られる時代になっている。しかし、安全性の面からは、依然として天然の甘味物質に対するニーズが大きい。

◎糖以外の植物の甘味物質

植物が供給する、糖化合物以外の天然甘味物質も数多く見つかっている（**図5-11**）。南米ボリビア原産のキク科の植物であるステビア（*Stevia rebaudiana*）からは、炭素数20のジテルペンに複数の糖が結合した配糖体であるステビオサイ

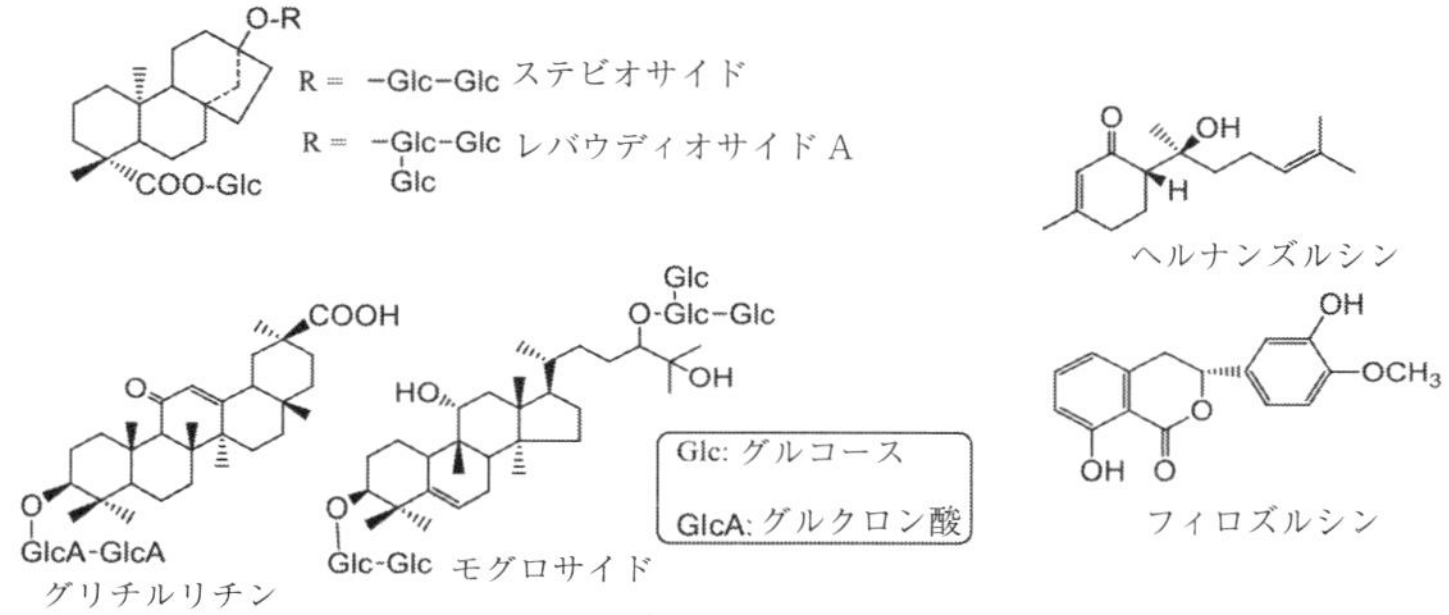

図5-11　糖以外にもステビオサイド、グリチルリチンなどの多くの天然甘味物質が知られている。

ドやレバウディオサイドAなどが分離されている。これらの化合物は砂糖の数百倍の甘味があり、レバウディオサイドAがステビオサイドよりもさらに優れた甘味を持っている。

中国原産のウリ科植物のラカンカ（羅漢果、*Momordica grosvenorii*）からは、炭素数30のトリテルペンの配糖体（トリテルペンサポニン）であるモグロサイドなどが甘味物質として分離されている。また、同じウリ科のアマチャヅル（甘茶蔓、*Gynostemma pentaphyllum*）からも甘味を持つトリテルペンサポニンが分離されている。

マメ科の植物で、生薬としても広く用いられているカンゾウ（甘草、*Glycyrrhiza uralensis*）からも、グリチルリチンというトリテルペンサポニンが甘味物質として分離され、たくあんの甘味付けや医薬品の矯味料として広く用いられている。

その他、アジサイの仲間であるアマチャ（甘茶、*Hydrangea serrata* var. *thunbergii*）のフィロズルシンやヒドランゲノールなどのイソクマリン誘導体フィロズルシンが甘味物質として知られている。また、単純なセスキテルペン構造を持つ変わった甘味物質として、メキシコ原産のクマツヅラ科のアマミコウスイボク（*Lippia dulcis*）という植物からはセスキテルペンであるヘルナンズルシンなども分離されている。

天然の甘味物質でも甘さに微妙な違いがある。わずかに苦味の残るものもあり、さらにちょっと化学構造が変わると、甘味から苦味に代わることが知られている。このことから、ヒトの味覚において、甘味と苦味の感覚は表裏一体となっているのではないかと感ぜられる。

植物からは、ソーマチンやモンネリン等の甘味タンパク質が見つかっており、ともに砂糖の数千倍の甘さがあるが、タンパク質であるため熱には弱く、砂糖の代替甘味料として用いることは困難と考えられる。

コラム9　ヒトが光を感じる仕組み

植物は多彩な色の花を咲かせ、色づいた果実を実らせる。我々人間はこの美しい花を観賞し、果実の色を見て食べ頃の時期を知ることができる。それでは我々は、物の形や色をどんな仕組みで見ることができているのだろうか。ここでも、植物が生産し、食品として摂取したカロテノイドが関与している。β-カロテンなどのプロビタミンAといわれるカロテノイドから我々の体内で生合成されるレチナールは、レチノールやレチノイン酸に変換され我々の健康にも関与している。特にレチナールは光受容体として働いている。

ヒトの目の網膜には光を感ずる2種類の細胞、桿体細胞と錐体細胞が存在しており、桿体細胞でレチナールがオプシンタンパク質と結合してタンパク複合体ロドプシンに、錐体細胞でも同様にレチナールとオプシンがヨドプシンというタンパク複合体になる。

ロドプシンやヨドプシン中のレチナール部分の二重結合は、シス体の形で存在しているが、光を吸収することによりトランス体に変化する（**図5-12**）。その結果レチナール分子の長さが変わり、この変化が、オプシンタンパク質に構造の変化を誘導し、この変化が神経パルスとなり視覚中枢に伝わることになる。

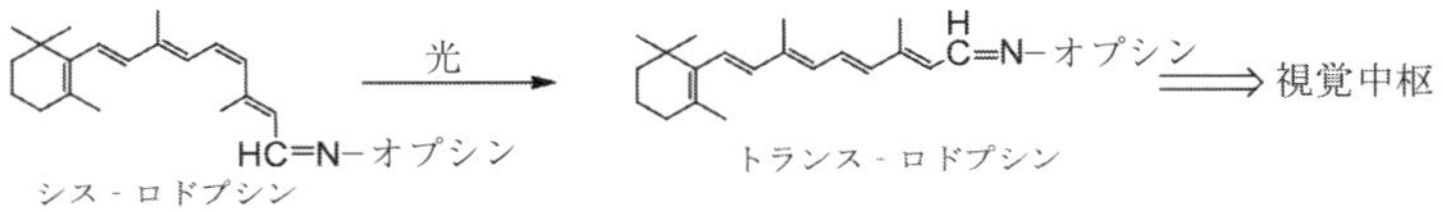

図5−12　光を吸収することによりシス - ロドプシンがトランス - ロドプシンに構造変化する。この変化がロドプシンの構造変化を誘導し、その刺激が視覚中枢に伝わる。

桿体細胞は光の明暗を感ずることができ、錐体においても同じメカニズムにより光信号が受領され色を感じている（図5-13）。錐体細胞には、吸収波長の異なる3種類の細胞があり、この3種類の細胞にはそれぞれ異なる吸収波長を持つオプシンが存在する。我々人間は青色（吸収波長のピーク420㎚）、緑色（同534㎚）、赤色（同564㎚）をそれぞれに感ずる錐体細胞による3色型色覚を持っており、そのおかげで多様な色彩を楽しむことができる。

　桿体は光を感ずる感度が高いのに対して、錐体はその感度が低く、しかも網膜に存在する量が、桿体は1億2000万個ほどなのに対して錐体は600万個ほどなので、薄暗いところで桿体により物の存在が十分認識できても、色の識別は難しくなる。誰でも、薄暗いところで色の識別が困難な経験をしたことがあると思う。

　なお、光の3原色は、3つの錐体に対応した青、緑、赤で、この3原色の入光してくる強さの微妙な組み合わ

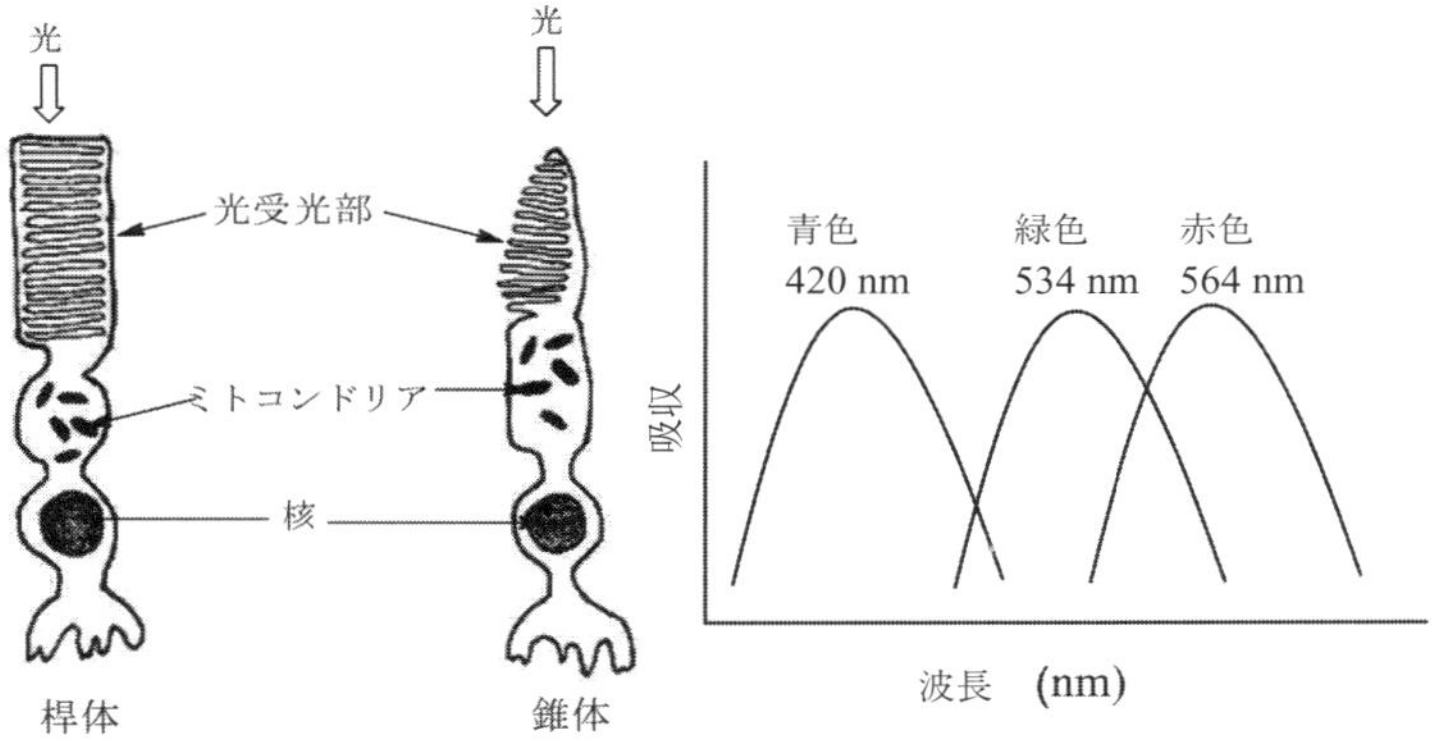

図５－13　光を受ける細胞には桿体細胞と錐体細胞があり、桿体細胞が光の明暗を、錐体細胞は青、緑、赤色に対応する波長を特異的に吸収する３種類が存在し色調を感ずる。

せで、我々人間が感じているすべての色が体現できる。この3原色が同じ強さで混じった状態がいわゆる太陽光や白色電球の色のない明るい光だ。

実際我々が色を感ずるのは、特定の波長の光が吸収され、吸収されなかった波長の光が反射光として目の中に入ってくるからである。たとえば、植物の葉っぱは緑に見えるが、これは、葉の葉緑素が緑以外の青色領域と赤色領域の波長を吸収するため、緑色に対応する波長の光が反射光として我々の目に入ってくるからである。

動物においては、鳥類、爬虫類、魚類は3色型色覚に加え紫外線領域に対応できる4色型色覚を持つと考えられている。哺乳類の中でもヒトの3色型色覚は特殊で、霊長類以外の哺乳類、ウマ、ウシ、イヌやネコなどは赤色に対する錐体を持っていない2色型色覚で、我々とは異なる色の感じ方をしていることになる。闘牛でウシが赤い色の布に興奮するという話は、人間が勝手に思い込んでいるだけといえるだろう。

コラム10　有害紫外線

水素の塊である太陽は、水素がヘリウムに変化する核融合反応で莫大なエネルギーを生産し、地球上の生物が生きていくための光を与えてくれている。そのおかげで、地球上の生物は日々の生命活動を行い、赤外線によって暖かい環境に生きることができる。我々動物は物を見ることができ、植物はさんさんと降りしきる太陽の光を利用し光合成を行い、地球生命のためのエネルギーを生み出してくれている。

地球に降り注ぐ太陽光線は、赤外線、可視光線、紫外線から構成されており、赤外線は熱を伝え地球を暖めてくれ、可視光線は明暗や色を感じさせてくれる。紫外線は我々人間が目では感知することができないが大きなエネルギーを持っており、生物に悪影響を与える。

オゾン層により地表に到達する紫外線のほとんどが除かれ、太陽光は無害な赤外線と可視光線が90％以上を占めている。紫外線は太陽光の数％ぐらいで、紫外線－A（UV－A）、紫外線－B（UV－B）、紫外線－C（UV－C）が含まれている。紫外線は波長が短いほど生物に対する傷害性が大きくなり、波長が最も短いUV－C（100～280㎚）が最も有害だが、幸いなことにオゾン層でほぼ吸収され、地表には届いてい

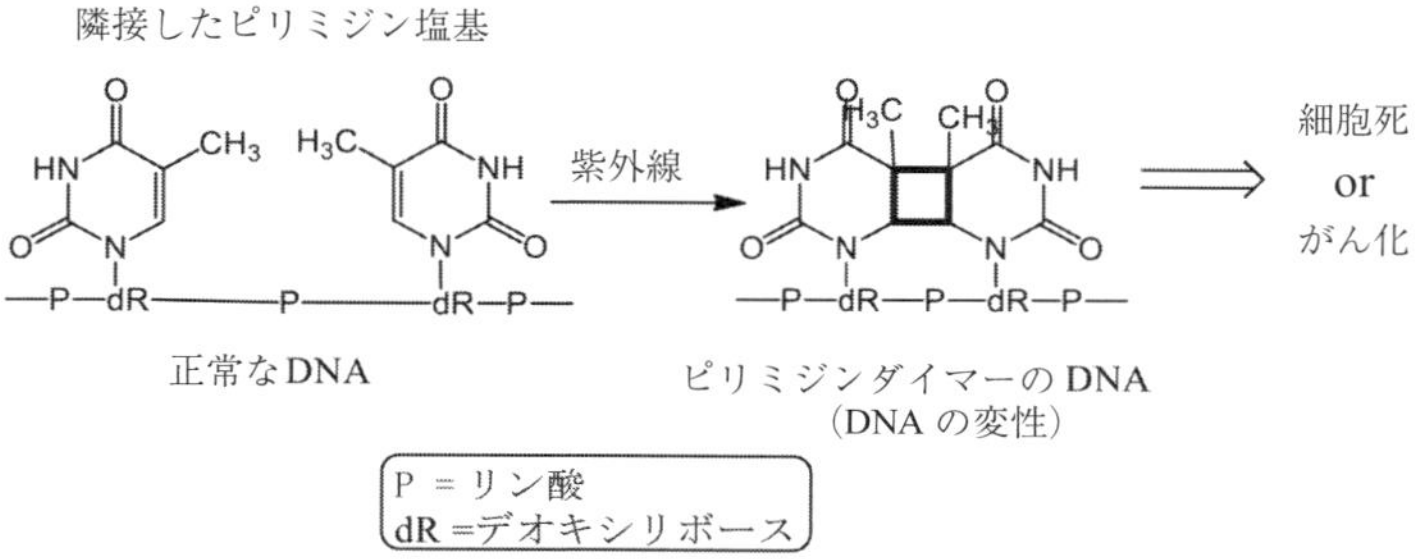

図５－14　DNA中にピリミジン塩基が隣接して存在すると、紫外線で二量化が起こりDNAに損傷が生ずる。その結果いろいろな障害、特に発がんのきっかけになる。

ない。しかし、標高の高い山などでは、わずかなＵＶ－Ｃが降り注いでいる。

　次に波長の短いＵＶ－Ｂ（２８０〜３１５nm）は、オゾン層でほとんど吸収されているが、太陽光の中に０・１〜０・５％含まれており、皮膚の老化や皮膚がん、そして白内障の原因と考えられている。次に波長の長いＵＶ－Ａ（３１５〜４００nm）は、太陽光に５％含まれているが、比較的害が少ないと考えられている。最も注意が必要なものはＵＶ－Ｂで、直接皮膚や目に光が入らないようにすることが肝要である。

　ＵＶ－Ｂの特に有害な作用は生物の遺伝物質であるＤＮＡに対する影響だ。ＤＮＡ中に隣接して存在するピリミジン塩基同士が、光反応により**図５－14**に太線で示したようにサイクロブタン環（四角形の環）を持った二量体構造（ピリミジンダイマー）などに変性し、ＤＮＡに構造変化を誘導しダメージを与える。

ほとんどの場合、我々の体はこのダメージを修復することができるが、修復が行われないケースもあり、その結果、細胞の死やがんを誘導することになる。また、UV-Bは高齢者の白内障や加齢黄斑変性の原因の一つであることが明らかになっており、高齢化が進む現在では大きな問題になっている。

フロンガスやその他の物質が大気中に放出されることでオゾン層が破壊されれば、UV-Bの量が増えるとともに、より有害なUV-Cが地上に降り注ぐことになる。そうなれば、我々人間だけでなく、陸上に生活する生物は、4億年前のように海の中へ戻っていかなければならなくなる。

一時期、南極圏のオゾン層が破壊され、オゾンホールができたと大騒ぎになり、オーストラリアの人々にちょっとしたパニックが起こったことが報道された。そんな騒動などの結果、今ではフロンガスの使用と生産が禁止されている。

第6章 食害を防ぐ有毒物質

有機化合物の有害性が議論されるとき、一般の合成有機化合物に比べ植物成分は安全だといわれることがある。確かにこの考えは一部には正しいといえるが、植物は、食害する昆虫や鳥、動物に対する防御手段として何らかのダメージを与えるために有毒物質を生合成している。そのため植物成分はすべて安全であると言い切ることはできない。強い有毒物質を含む植物も数多く知られている。

植物の有毒成分といえば、アルカロイドが有名だ。その他にはシアン配糖体、強心配糖体や有毒ジテルペン誘導体などがある。このような有毒物質は、昆虫や鳥、あるいは動物から己を守る防御物質として、進化の過程で生合成システムを発展させたものである。

この章では、植物に含まれる比較的身近な有毒成分や興味深い有毒成分を見ていこう。

トリカブト――毒と薬は表裏一体

トリカブトはキンポウゲ科の植物で、約30種の仲間が日本に分布している。日本で最も代表的なトリカブトはオクトリカブト（*Aconitum japonicum*）で、その他にもヤマトリカブト、エゾトリカブト、ホソバトリカブトなどがあり、昔から有毒な植物として知られている。トリカブトは漢字で「鳥兜」と書き、その独特の形の花が鳥の頭や祭礼に用いる兜《かぶと》に似ていることからこのような名前がつけられている。花は濃い紫から青色で美しいため、花の大きなハナトリカブトは生け花用にも売られている。

筆者が若かりし頃、北海道利尻島の利尻山に登ったとき、険しい登山道で、当地にのみ自生するトリカブトの仲間であるリシリブシの花を見つけたときの感激は、50年近く経た今日でも忘れられない。それほど美しい花だった。

トリカブトは、ドクゼリ、ドクウツギとともに、我が国の三大有毒植物といわれている。北海道では昔、アイヌの人たちがトリカブトの煮汁を矢毒として狩猟に用いていた。この猛毒の植物も、古くから附子《ぶし》や烏頭《うず》などの名前で漢方薬に処方される生薬としても有名である。薬理作用としては強心作用、鎮静作用、利尿作用などが知られており、八味地黄丸、大防風湯や甘草附子湯などの漢方薬に使われている。

一方で、芽生えの時期の姿が山菜のニリンソウやモミジガサ、セリ、ヨモギなどとよく似ているため、間違えて採取して食べてしまい中毒を起こす例が後を絶たず、死亡事故もときどき起こる。アメリカでは、トリカブトが混入したハーブティーを飲んで死亡したという報道もあった。小説やテレビドラマ、映画などでも、トリカブトを使った毒殺の場面がしばしば登場する。実際に、トリカブトを使った保険金詐欺殺人事件が新聞紙面をにぎわせたこともある。

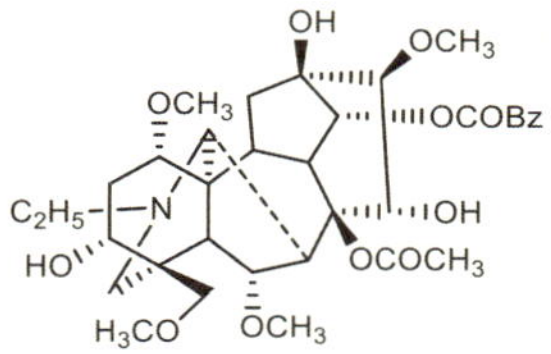

図6－1　トリカブトの有毒物質であるアコニチンは、ジテルペンアルカロイドと呼ばれる。

トリカブトの有毒成分は、炭素数20のジテルペンといわれる化合物だが、窒素を含んでいるため、アルカロイドの仲間ということでジテルペンアルカロイドと呼ばれている。有毒物質としてアコニチン、メサコニンなどがある（**図6－1**）。

トリカブトのアルカロイドは、植物の有毒物質の中でも、最も毒性の強い化合物の一つで、トリカブトの花粉が含まれた蜂蜜での中毒事故の話もある。その致死量は経口でヒトに対して2～6mg／kgぐらいといわれている。中毒症状としては、手足のしびれ、嘔吐、腹痛、下痢、不整脈、血圧低下などを起こし、けいれん、呼吸不全で死に至ることもある。

なお、薬は、人体に生理作用を働かせるものなので、何らかの有害作用を持っているのが普通で、必ず副作用を持っている。そのため、薬局などで薬を受け取ったとき、効能とともにたくさんの副作用の可能性を記載した薬の説明文書が添付されている。このトリカブトの有毒成分も、専門家の指導のもと、使用量や使用法を厳格にコントロールすることで、漢方処方の生薬として利用されている。

ドクウツギ――甘い果実は誤食に注意

ドクウツギ（*Coriaria japonica*）は、北海道から本州の近畿以北の山地や河川敷などに自生するドクウツギ科ドクウツギ属の高さ１～２ｍの落葉低木で、我が国には１科１属１種のみが自生している。トリカブト、ドクゼリと並んで日本の三大有毒植物として知られている。４月から５月には花が咲き、赤い果実は熟すと黒紫色になり、甘味があるためしばしば子どもが誤食する事故が起こる。ドクウツギは、ネズコロシとかイチロベゴロシとも呼ばれ、有毒植物として昔から知られていた。

　ドクウツギの有毒成分は、コリアミルチンやツチンなどのセスキテルペン誘導体であることが明らかになっている（図６－２）。これら化合物は比較的小さな分子だが、高度に酸化された複雑な構造の化合物で、毒性として流涎《りゅうぜん》、けいれん、呼吸困難などが知られている。コリアミルチンのほうがツチンの数倍の毒性があるといわれ、半数致死量（ＬＤ50）がマウスで１mg／kgとかなり強い毒性を持っている。

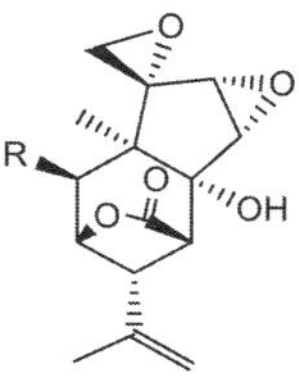

R＝H　コリアミルチン

R＝OHツチン

図６－２　ドクウツギの成分は、高度に酸化されたセスキテルペン誘導体。

　我が国にはドクウツギの仲間は１種類しかないが、海外には多くのドクウツギ科の仲間の植物が分布している。ニュージーランドに自生する同じ仲間のTutuという樹木にはツチンが含まれており、その樹液を吸引する昆虫の分泌する甘露成分をミツバチが集めることにより、蜂蜜にツチンが混入することがしばしば起こり、この蜂蜜を食した人がツチンの中毒になる例が知られている。ニュージーランドおよびオーストラリア政府は、蜂蜜中のツチンの上限を2㎎／kgに規定していたが、2015年には0・7㎎／kgとさらに厳しい基準に下げられている。

ドクゼリ――セリとの違いは根の形

セリ科植物には、セリ、ニンジン、セロリ、ミツバ、パセリ等多くの野菜が知られている。ドクゼリ（*Cicuta virosa*）もセリ科の植物で、葉の形が食用のセリとよく似ているため、間違え誤食事故を起こすことがある。我が国では、北海道から九州まで広く分布し、水辺で花茎を伸ばし、6月から7月に白から淡い桃色の小さな花を咲かせる。

ドクゼリの成分は、シクトキシンやビロールAなどが知られており、炭素－炭素三重結合を持つポリアセチレン誘導体である（**図6－3**）。中毒症状としては、嘔吐、下痢、腹痛、めまい、動悸、耳鳴り、意識障害、けいれん、呼吸困難などで、ヒトに対する致死量は50㎎／kgといわれている。ドクゼリは食用のセリと比べ大型で、根茎が肥大して根の形態が大きく異なるため、根の形を比べればセリと明確に区別がつく。ただし、肥大した根茎はワサビと間違えやすいともいわれているので注意が必要である。

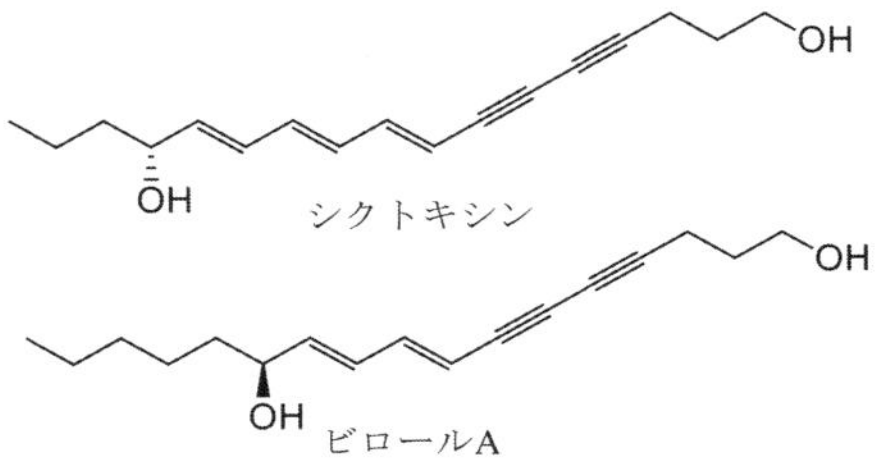

図6－3　ドクゼリの有毒成分はアセチレン誘導体。

ヒガンバナ——赤い花は秋の風物詩

ヒガンバナ（*Lycoris radiata*）はヒガンバナ科で、イネの伝来とともに中国から我が国に伝えられたといわれている。漢字で「彼岸花」と書き、曼珠沙華《まんじゅしゃげ》とも呼ばれる。秋の彼岸の頃に田んぼのあぜ道や山里の墓の周り、土手の法面などに真っ赤な花が咲き誇る。昔から有毒であることが知られており、田んぼのあぜや土葬した墓に植えることにより、モグラやネズミ、昆虫などによる被害を防いだ。

ヒガンバナはユウレイバナ、シビトバナ、ハカバナ、ホトケグサ、キツネバナ、キツネノタイマツ、ヤクビョウバナなどの多くの縁起でもない名前がつけられているが、田んぼのあぜ道などに一斉に咲き誇った真っ赤なヒガンバナは本当に美しく、日本の秋の風物詩だ。こんなネガティブな名前がつき、庭などにはあまり植えられなかったヒガンバナも、最近は品種改良により、ピンク色の大きな花を咲かせるものなどが開発され、家庭でもその仲間を楽しむことが増えてきたようだ。

ヒガンバナは、葉が出る前に急に花茎が伸びて花が咲くので、突然花が現れるように感じてびっくりすることがある。花の印象が強いので、花の後に出てくる葉の印象が薄く、ヒガンバナの葉の記憶がない人もいるのではないだろうか。このように花の時期には葉がなく、葉の時期には花がないことからハミズハナミズ（葉見ず花見ず）という別名もあるようだ。日本のヒガンバナは染色体が3倍体で、有糸分裂が有効に行われず実を結べないため種子で増えることができない。鱗茎で増えているため、生えている場所が限られる。

有毒アルカロイドを含有するヒガンバナの鱗茎にはデンプンが豊富なので、昔飢饉のときには十分

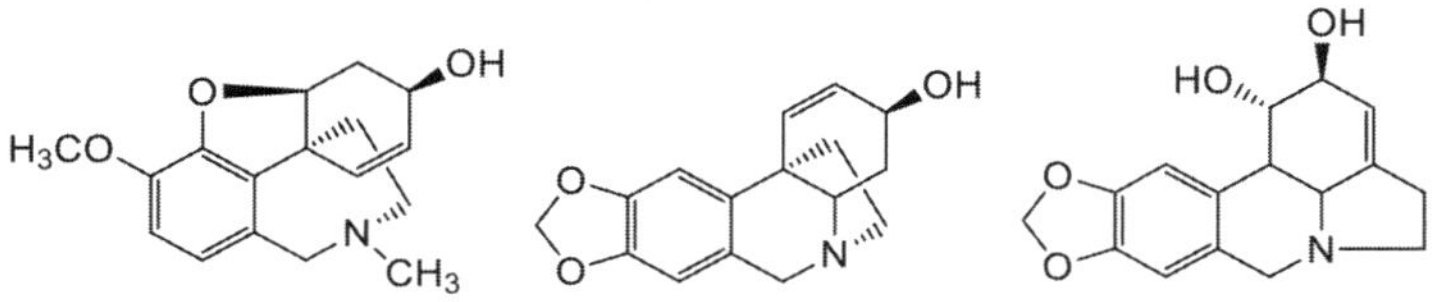

図6-4　ヒガンバナの有毒アルカロイド。リコリスアルカロイドと総称される。

に水でさらしてアルカロイドを除いてデンプンを取り、食糧危機を乗り切ろうとしたという話もあり、救荒植物として扱われていた。その目的もかねて田んぼのあぜに植えたともいわれている。明治から昭和初期には、ヒガンバナの鱗茎からデンプンを製造する会社があったそうだ。

ヒガンバナの有毒成分については、我が国の研究者による成分研究があり、リコリスアルカロイドという一連の有毒アルカロイドが明らかになり、ガランタミン、クリニン、リコリンなどが知られている（**図6-4**）。これらのアルカロイドは他感作用があることも報告されている。

スイセン――誤食例の多い園芸植物

スイセン（*Narcissus tazetta*）は冬から春にかけ、1年で最も早い季節に咲くポピュラーな花の一つで、観賞用の植物として広く家庭の庭先、公園などで栽培されている。福井県越前海岸や静岡県伊豆半島の爪木崎など、野生のスイセンの名所が日本の各地にある。

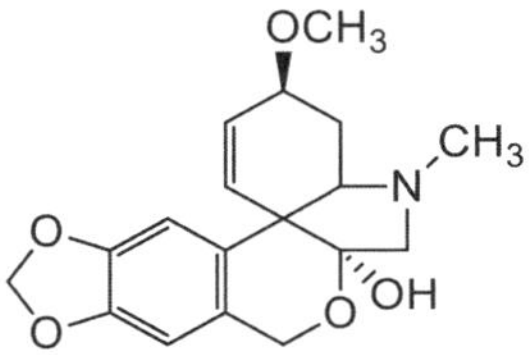

図6−5　ヒガンバナ科のスイセンもアルカロイドを含有している。

スイセンはヒガンバナ科の植物である。ヒガンバナは有毒植物という感覚を持ち、毒々しいと感ずる人が多いと思うが、スイセンは白や黄色の花が主流で、可憐で爽やかな花を咲かせる園芸植物で、多くの栽培品種が知られている。そのため、スイセンを有毒植物と意識している人は少ないのではないだろうか。

ヒガンバナ科の植物なので、当然有毒アルカロイドが含有されていることは想像できる。スイセンはヒガンバナと同様リコリン、ガランタミンを含有しており、タゼチンなども有毒成分として知られている（**図6−5**）。そのためか、スイセンの葉が昆虫の食害を受ける光景を見ることは少ない。

スイセンの葉は花の咲く前から成長し、ニラの葉によく似ており、球根は小さめのタマネギに似ているため、葉の部分をニラやノビルと間違えたり、球根部分をタマネギと間違えて食べ中毒を起こす事故が毎年起こっている。地方の道の駅で、ニラとして販売されていたスイセンの葉を食べて中毒を起こした例もある。中毒症状としては、吐き気、下痢、嘔吐や頭痛などが知られている。最近も、スイセンの葉をニラと間違えて汁にして食べ集団で中毒を起こした事故が報道された。注意が必要だ。

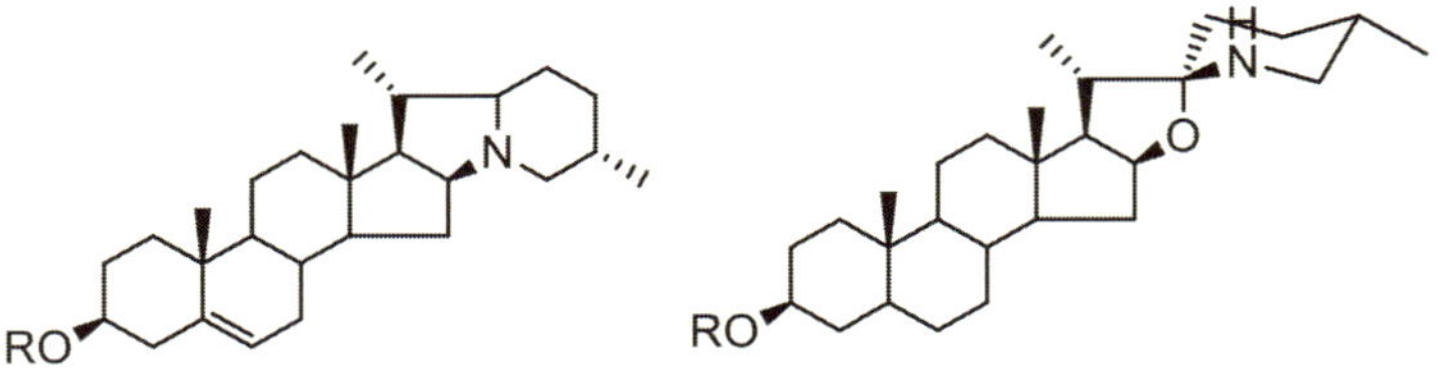

図6-6　ナス科のジャガイモ（左）やトマト（右）はステロイドアルカロイドを含有する。置換基RがHのソラニジンおよびトマチジンのようなアグリコンと、Rが糖のソラニンとトマチンのような配糖体がある。

ステロイドアルカロイド——ジャガイモの芽や青くなった皮には注意

長期保存したジャガイモから出てきた芽の部分や、光が当たって緑色になった皮の部分は食べてはいけないことはよく聞かされている。一般的に、ナス科の植物の特徴として、ステロイドアルカロドという有毒成分が含まれている。ジャガイモはナス科の植物で、特に芽や緑色になった皮の部分でステロイドアルカロイドの生合成が盛んに行われているため、これを食べると下痢等の症状が出ることが知られている。

ステロイドアルカロイドは通常の調理の加熱では分解されないため、有毒部分は食べないようにしなければならない。ステロイドアルカロイドとして、ジャガイモに含まれているソラニジンおよびその配糖体であるソラニンや、トマトから得られるトマチジンおよびその配糖体であるトマチンなどが有名である（図6-6）。

ジャガイモがナスの仲間であることは意外と知られていないが、主要な野菜の中にはナス科のものがじつは多く、ナスはもちろん、トマト、ピーマン、トウガラシもナス科の野菜だ。ただし、長い間の食経験では、ジャガイモの特定の部分以外ではステロイドアルカロイドの含有量は微量で、特に健康上問題になっていないようである。

クラーレ——南米原住民が狩猟に用いた

ペルー、エクアドル、コロンビア、ブラジルなど南米の国々では、昔から現地の人たちが、ある種の植物の成分を狩猟のための矢や吹矢の毒として用いており、その有毒物質をクラーレと呼んでいた。クラーレは、地域や種族により材料となる植物が異なっていた。その貯蔵形態から、①竹筒クラーレ（tubo-curare）、②壺クラーレ（pot-curare）、③ひょうたんクラーレ（carabasch-curare）の3つに分けることができる。①と②は主としてツヅラフジ科の *Chondrodendron tomentosum* などから、③はマチン科の植物から調製されていた。

竹筒クラーレ、壺クラーレの主成分として *d*-ツボクラリンなどのアルカロイドが分離され、化学構造が明らかになっている（**図6-7左**）。*d*-ツボクラリンはビスベンジルイソキノリン型アルカロイドと呼ばれ、イソキノリン骨格を持つアルカロイドの二量体で、複雑な構造を持っている。*d*-ツボクラリンは運動神経末端の神経接合部のアセチルコリン受容体をブロックし情報伝達を遮断する結果、強い筋弛緩作用を引き起こし、最終的に呼吸困難で死に至らしめる。成人の致死量は約50㎎といわれている。

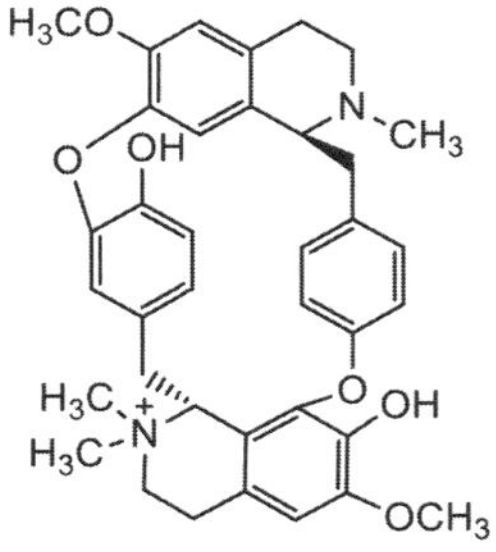

d-ツボクラリン

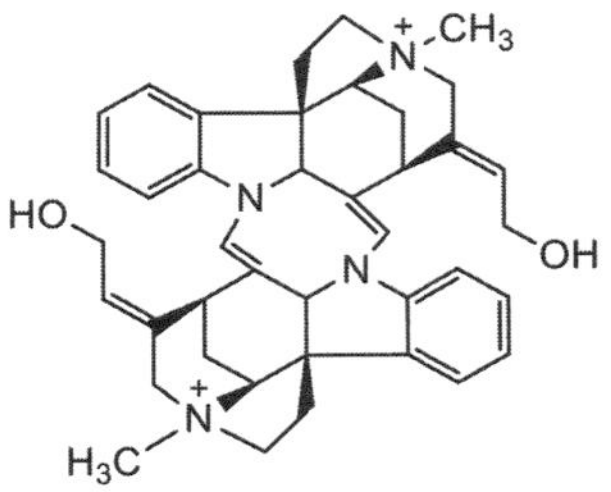

C-トキシフェリン

図6－7　クラーレの有毒成分は、ツヅラフジ科およびマチン科植物から分離された複雑な構造を持つアルカロイドである。

ひょうたんクラーレの有毒主成分は、マチン科の *Strychnos toxifera* などから得られたC－トキシフェリンと呼ばれるもので、インドールアルカロイドの二量体で、非常に複雑な化学構造を有している（**図6－7右**）。先に述べた2種のクラーレと同様に、神経接合部の情報伝達を遮断して毒性を現し、イソキノリン型アルカロイドの10倍以上の毒性があるといわれている。

クラーレの4級アンモニウム塩構造と活性を参考に、4級アンモニウム塩構造を持つヘキサメトニウムやデカメトニウムなどの合成医薬品が開発され用いられている。

ハシリドコロ——サリン事件で治療に貢献

本州、四国、九州に広く分布するハシリドコロ（*Scopolia japonica*）はナス科ハシリドコロ属の植物で、山地の湿った日陰に群生している。早春になると柔らかな芽が伸びてきて、いかにもおいしそうな姿をしているので、フキノトウ、ハンゴンソウ、オオバギボウシなどの山菜と間違えて

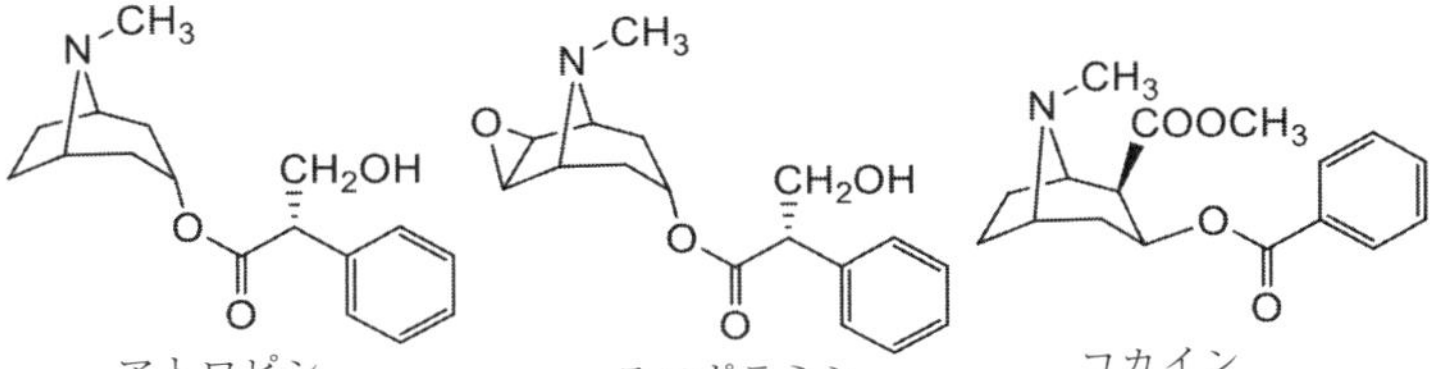

図6－8　ナス科のハシリドコロやベラドンナなどにはトロパンアルカロイドが含まれている。

食べる事故がしばしば起こりテレビや新聞で報道される。ハシリドコロの名前は、食べると中毒症状で狂ったように走り出すことからついたといわれている。

ハシリドコロにはアトロピンやスコポラミン等のトロパンアルカロイドが含まれている（**図6－8**）。この植物の全草に有毒物質が含まれており、中毒症状として、嘔吐、下痢、瞳孔散大、めまい、幻覚、異常興奮などが起こり、最悪の場合には死に至る。その症状は副交感神経の抑制によることが知られている。しかし、医師が適量を治療に用いることで有用な医薬品にもなっているため、ハシリドコロの根はロート根と称して日本薬局方にも掲載されている。

ハシリドコロと同じ仲間のベラドンナ（*Atropa belladonna*）は、ヨーロッパに自生し、ハシリドコロと同じような成分が含まれている。この名前は、その成分を目に施すと、瞳孔が開き目がパッチリとして美しくなることから、イタリア語の「美しい女性（Bella Donna）」という言葉に起因している。このように、両植物の成分はともに瞳孔散大作用があり、副交感神経を抑制することから、胃腸薬の素材としても用いられている。

オウムの地下鉄サリン事件のとき、多くの人々が被害に遭ったが、一命を取り留めた被害者たちから昼間にもかかわらず目の前が真っ暗になったとの訴えがあった。それは、サリンに強い瞳孔収縮作用があったためで、その対症療法としてアトロピン含有の目薬が用いられ、瞳孔を開き目が見えるように処置したといわれている。

麻薬としてモルヒネ以上に問題になっているコカインは、コカ（*Erythroxylum coca*）の木から分離された化合物で、その化学構造はアトロピンなどと同じトロパン骨格を持ったアルカロイドである（**図6－8右**）。世界で最もポピュラーな清涼飲料の一つであるコカ・コーラは、発売当初はコカの葉が原料の一つとして用いられていたためコカインが入っていたが、１９０３年以降はコカインは含まないという。

シアン配糖体――バラ科植物の種子にご用心

バラ科のアンズ、ウメやモモの種の中身を食べると腹痛を起こすことが昔から知られている。これは、バラ科植物の多くの種に、シアン配糖体（青酸配糖体）と呼ばれる化合物が含まれているからである。シアン配糖体は、酸やグルコシダーゼという加水分解酵素によってグルコースが外れると不安定な化合物となり、分解してシアン化水素（ＨＣＮ）を発生し、これが食中毒の原因になる。

シアン配糖体としては、アンズ、モモ、ウメなどの種子に含まれるアミグダリン、バクチノキに含まれるプルナシンなどが有名だ。アンズの種子は杏仁《あんにん》、モモの種子は桃仁《とうにん》として、生薬で利用されて

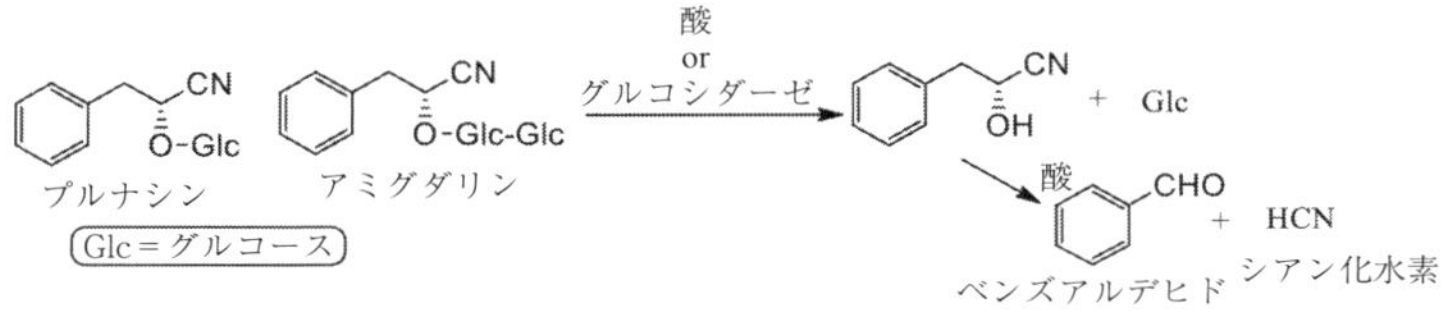

図６−９　バラ科植物にはシアン配糖体が含まれており、分解してシアン化水素を放出する。

いる。中華料理のデザートとして定番の杏仁豆腐の独特の風味は、アンズ種子から調製した材料に含まれるアミグダリンが加水分解し、シアン化水素を発生する際に、その片割れとして生じるベンズアルデヒドという化合物に起因している（図６−９）。ただし、最近の杏仁豆腐は安価なアーモンドパウダーを使い、杏仁を用いることはまれなので、本当の杏仁の風味を味わうことは難しくなっているようだ。

強心配糖体——世界で知られるキョウチクトウの毒性

夏にピンクの、時には白い花が咲き誇るキョウチクトウ（*Nerium indicum*）はインド原産のキョウチクトウ科の木本植物で、中国経由で日本に伝えられた。キョウチクトウは乾燥や大気汚染に強いため、公園や高速道路の沿線などに緑化目的で広く植えられている。原爆投下の後、何十年も草木は生えないといわれた広島にいち早く復活したキョウチクトウは、復興の象徴として広島市の花に指定されている。キョウチクトウは鹿児島市でも市の花として、千葉市や尼崎市でも市の木として指定されている。

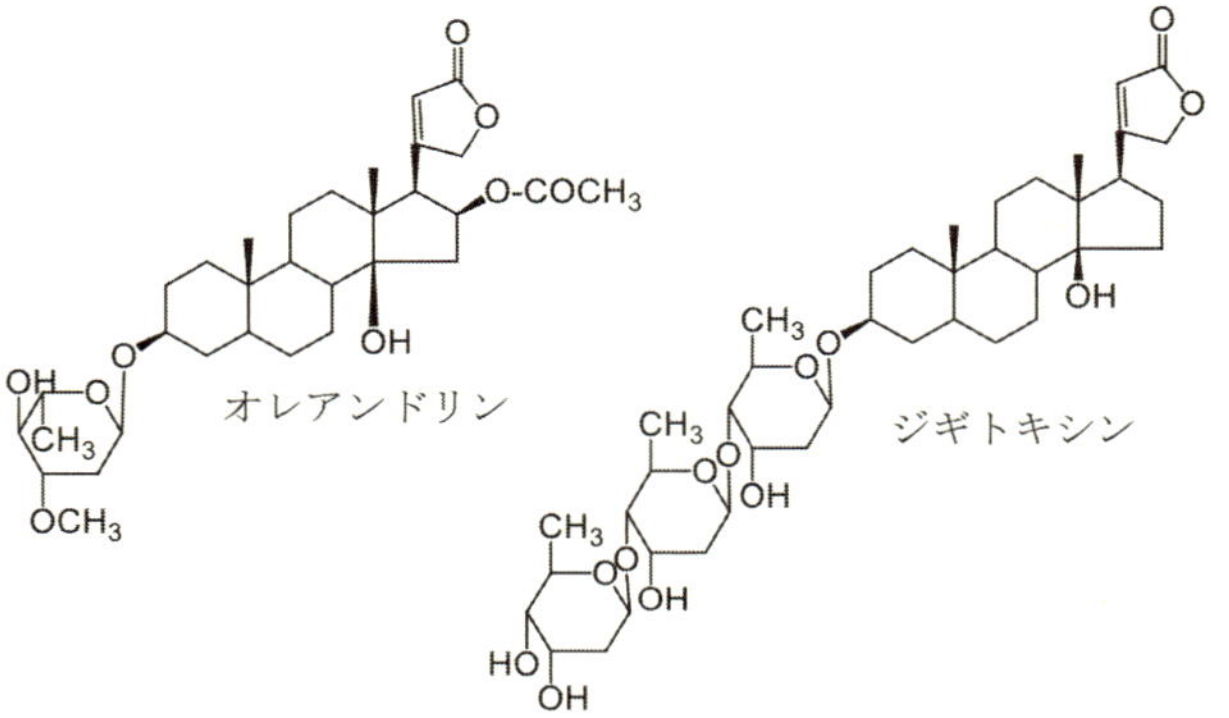

図6-10　キョウチクトウやジギタリスには強い毒性の強心配糖体が含まれている。

キョウチクトウは有毒植物として世界的に有名で、子どもの頃、枝をいじったり皮を剝《は》いだりしないように大人たちからいわれた経験がある。有名な話として、西アジアに遠征していたアレキサンダー大王の軍が野営した際、キョウチクトウの枝を用いて肉を串焼きにして食べ、兵隊が食中毒で死亡したという話があり、同様のことは南方に進攻した日本軍でも起こったという。フランスでもバーベキューの串としてキョウチクトウの枝を使い、死者が出たという事故が報告されている。

　同様の中毒は世界中で起こっており、子どもがキョウチクトウの枝をいじったり、皮を剝いだり、舐めたりして中毒を起こすだけではなく、家畜の飼料にキョウチクトウの葉が混じり家畜が死亡したという例も知られている。このようにキョウチクトウの猛毒性を伝える逸話は枚挙にいとまがない。

　キョウチクトウの成分として、強心配糖体であるオレアンドリン、ネイリンなどが知られている（図6-10

左)。特にオレアンドリンの毒性は強く、ヒトに対する致死量が0・3㎎/kgともいわれ、青酸カリよりもはるかに有毒である。強心配糖体は、体内に取り込まれることで心臓の鼓動を異常に高進させ、そのリズムを狂わせることで心臓の障害を引き起こし、時には死に至らしめる。

同様に、強心配糖体を含有するものとして、ジギタリス(*Digitalis purpurea*)というゴマノハグサ科の植物がある。ジギタリスはヨーロッパ原産の多年性草本植物で、美しい独特の花をつける。キツネノテブクロとも呼ばれ、薬用や観賞用として世界中で広く栽培されている。ジギタリスには、ジギトキシンやジゴキシンなどの強心配糖体が含まれており、強い心筋収縮作用を有し、心臓に直接作用することでうっ血性心不全の治療等に用いられている(**図6-10右**)。

一方、副作用として、不整脈、嘔吐、下痢、幻覚、頭痛等が知られており、有効量と副作用量の安全域が狭いことから慎重な使用が必要だ。以前は日本薬局方に記載されていたが、現在は削除されている。使用量によっては有毒であるということで劇物に指定され、医薬品としての使用は慎重に行われている。

ジギタリスは、昔食用とされていたコンフリーとよく似た形をしているため、誤食され、死亡例も出ていた。なお、コンフリーも、発がん性と肝毒性を持つピロリチジンアルカロイドを含有することがわかり、食用としないように厚生労働省から注意勧告が出されている。

キョウチクトウおよびジギタリスの有毒成分は、カルデノライドと呼ばれるステロイド誘導体の仲間で5員環ラクトンを持っている。

トウゴマ——最強の有毒タンパク質

トウゴマ(*Ricinus communis*)はインドあるいは東アフリカ原産といわれるトウダイグサ科の植物で、熱帯地域では木質化して10mもの高さに育つ多年生草本だが、気温の低い我が国では1年生として数mに育つ。トウゴマの種子を搾汁して得られるヒマシ油は峻下剤として用いられるほか、ポマードなどの素材、ペイント原料や機械の潤滑油などとしても用いられている。トウゴマの成分であるリシンは猛毒植物成分として有名だが、ヒマシ油中には移行してこない。

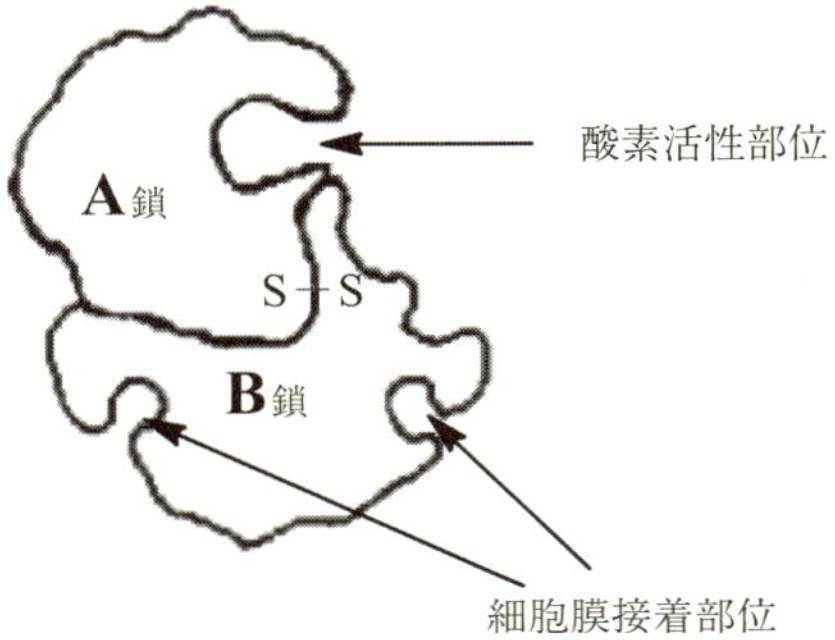

図6−11 トウゴマの有毒タンパク質は2つのサブユニット、A鎖とB鎖で構成されている。

リシンは60〜65kDaの大きさで、267個のアミノ酸で構成されるA鎖と262個のアミノ酸で構成されるB鎖からなり、ジスルフィド結合(S−S)が関与し二量化した糖タンパク質である(図6−11)。B鎖は細胞膜の糖鎖を認識し、細胞膜に特異的に結合してA鎖を細胞内に導き入れる働きをしている。

細胞内に入ったA鎖はリボソームに結合してその働きを障害し、タンパク質の合成を阻害することで強い毒性を発揮する。リシンのヒトに対する致死量は0・03㎎/kgと推測されており、数㎎のリシンで人を死に至らしめるほどの猛毒といえる。数㎎といえば耳かき一杯にも満たない量で、いかに強い毒性かおわかりになると思う。その毒性はコブラの毒より強いことになる。

リシンの作用はO－157のベロ毒素と同じで、毒性発現に比較的長時間の10時間ほどかかる。トウゴマは、工業原料であるヒマシ油を採るため熱帯地域で広く栽培され、年間100万トンが生産されているといわれている。猛毒のリシンは、トウゴマの種子からヒマシ油を搾汁した後の搾りかすから容易に多量に得ることができるため、化学兵器やテロのための武器として容易に使用が可能であると考えられている。過去には、リシンをテロや犯罪に使うことが計画された事例もあり、アメリカでは、大統領や政治家にリシンの入った手紙が送られたというニュースが流れたこともある。

マメ科の植物であるトウアズキの種子からは、アブリンという猛毒物質が分離されている。アブリンもリシンと同様にA鎖とB鎖からなる二量体の糖タンパク質で、毒性を表す作用機序もリシンと同じであることがわかっており、リシンの10倍ぐらいの毒性があるといわれている。

ツツジの仲間——美しい花を咲かせる有毒植物

ツツジの仲間は、美しい花を咲かせ人々を楽しませてくれる4、5月の風物詩だが、昔から有毒と知られている。特に、ハナヒリノキ（*Leucothoe grayana*）、アセビ（*Pieris japonica*）、レンゲツツジ（*Rhododendron japonicum*）、ネジキ（*Lyonia ovalifolia*）などは有名である。

長年その有毒成分に興味が持たれ、我が国の天然物化学者により成分研究が盛んに行われてきた結果、ハナヒリノキから有毒物質としてグラヤノトキシン類が報告された。グラヤノトキシンは、炭素

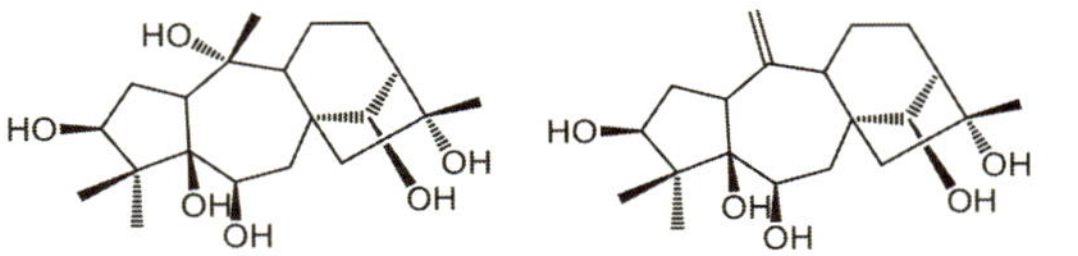

図6－12　ツツジの仲間は有毒なものが多く、有毒成分としてグラヤノトキシン類が知られている。

数20のジテルペン誘導体で、高度に水酸化された化合物である（**図6－12**）。その後、多くのツツジの仲間から有毒成分が分離報告され、アセビやレンゲツツジからもグラヤノトキシン類が見つかっている。

我々の身近で見られるアセビは、4月頃スズランの花のような可憐な小さな白い花を房状につける。名の由来は、その葉をウマが食べると中毒症状を呈して酩酊したような状態になり、フラフラするということからで、漢字では「馬酔木」と書く。

また、長野県の美《うつくし》ヶ原《はら》では、放牧している家畜が有毒なレンゲツツジを避けて食べないため、多くの群落が生き残り、5月には美しい花を楽しむことができる。

今でこそ日本はウォッシュレット付きの最新式トイレが普通のトイレ先進国だが、50年ぐらい前までは汲み取り式が普通で、トイレに湧くハエの幼虫（ウジ虫）の退治は大変なことだった。東北地方では、ハナヒリノキをウジ殺しと称して、汲み取り式のトイレに小枝を投げ入れてウジを退治していたという。

いずれにしても、野山、公園や庭で美しく咲いている多くのツツジや同じ仲間のシャクナゲの仲間は有毒物質を持っている可能性があり、取り扱いに注意が必要である。木本植物なので、山菜とは形態が異なり、誤食して事故になったという例はほとんどないが、蜂蜜からホツツジの花由来と考えられるグラヤノトキシン類が検出された例がある。海外では、トルコの黒海沿岸やネパール産の蜂蜜における中毒事故の情報がある。ツツジの仲間が多い地域で生産された外国産の蜂蜜には用心したい。

大麻——幻覚作用が社会問題に

アサ（*Cannabis sativa*）は中央アジア原産のクワ科の1年生草本で、最近では、アサ科として独立した科に分類されることもある。世界中で栽培され、一部は野生化していることがある。大麻や大麻草とも呼ばれ、第二次世界大戦前までは我が国でも、大麻成分をほとんど含まない、4メートルほどの高さに育つ品種が盛んに栽培されていた。茎から得られる繊維を取ることが目的で、良質なアサの繊維は丈夫な麻袋の材料や良質な麻織物の原料となる。

実には栄養価の高い油が多く含まれており、小鳥やハトの餌として用いられるほか、七味唐辛子の構成素材の一つである。この油はディーゼルエンジンの燃料などにも用いられていた。アサの実は大麻成分は含まないが、アサの栽培に用いられることのないよう、加熱などにより不発芽処理したものが輸入され用いられている。欧米では、このアサの繊維の価値が再認識され、繊維を取ることを目的とした、大麻成分が少ない改良品種をヘンプと称し、規制薬物を含むアサであるカンナビスと区別し

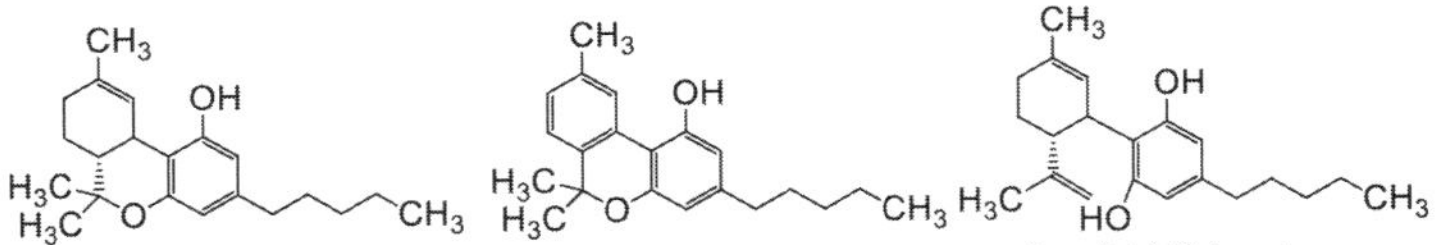

テトラヒドロカンナビノール　カンナビノール　カンナビジオール

図6－13　大麻にはカンナビノイドと呼ばれる幻覚物質が含まれている。

て用いている。また、アサの実は麻子仁《ましにん》と称し、緩下作用を目的とした漢方処方に用いられる生薬である。

しかし、何といっても、アサに対する人々の関心はその弊害にある。アサの葉や花には規制薬物である麻薬成分が含まれており、これらの成分を多く含む品種の葉や花を乾燥したものや成分を樹脂の形にしたものを大麻（マリファナ）と称し、麻薬として用いられている。これら麻薬成分としては、テトラヒドロカンナビノール、カンナビノール、カンナビジオールなど、モノテルペンとアセトジェニンの混合経路で生合成されたカンナビノイドといわれる成分が含まれている（**図6－13**）。それらの成分はヒトに幸福感、鎮痛作用、幻覚作用を誘導するとともに強い耽溺性があるため、大きな社会問題になっている。これらカンナビノイドの中で、テトラヒドロカンナビノールが最も強い幻覚作用と耽溺性を有している。

その弊害は世界中で大きな社会問題になっており、厳しい規制が行われている反面、国によって、あるいはアメリカのように州によってその対応が異なって、規制されていない例もある。我が国では麻薬取締法により、その所持や使用は厳しく規制されている。しかし、覚せ

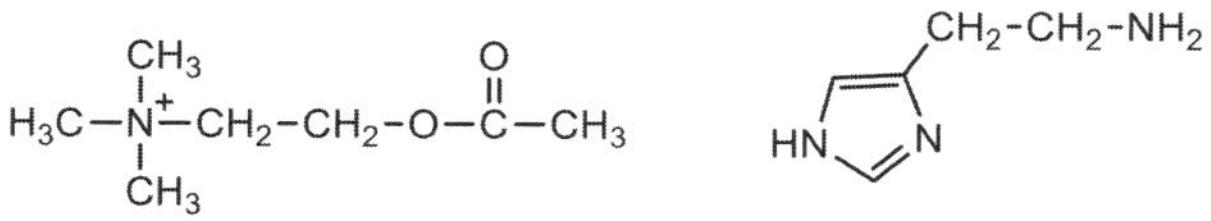

図6－14　イラクサの刺激物質は神経伝達物質のアセチルコリンや炎症に関係したヒスタミンである。

い剤と並んで、芸能人やスポーツ選手などによる使用が話題になり、その幻覚作用が原因でさらなる犯罪や事故を起こす例がしばしば報道されている。

一方で、カンナビノイドの鎮痛作用や抗けいれん作用などから医療用大麻の有用性が主張されている。

イラクサ――触れると痛みやかゆみを引き起こす

イラクサ（*Urtica thunbergiana*）という植物をご存じだろうか。草むらに入り茎や葉に触れたとき、ピリピリとした痛みを感じ、その後その部位が赤くなり、痛みやかゆみがひどくなった経験はないだろうか。このようなことがイラクサによって起こる。イラクサは、漢字で「刺草」と書き、アイコ、イラナ、イタイタグサ等の別名がある。

イラクサはイラクサ科イラクサ属の多年生草本で、茎や葉に刺《とげ》が、その基部には嚢があり、そこにはアセチルコリンやヒスタミンが含まれる（**図6－14**）。嚢が破れ皮膚につくことにより痛みやかゆみが起こる。アセチルコリンは神経末端のシナプスで放出される神経刺激伝達物質で、ヒスタミンは、肥満細胞などから放出されるアレルギー反応や炎症発現に関わる物質である。これらの現象も昆虫や動物などによる食害を防ぐために植物が発展させた方法と考えることができる。

しかし、人間はたくましさを発揮し、イラクサを山菜として利用している。若芽を摘んで、茹でてお浸し、汁物、和え物、てんぷらなどにして食べる。ロシアではスープにして食べるようである。イラクサからは繊維が取れ、アイヌの人たちはこの繊維から取った糸を用いて織った布を衣類として利用していた。また、ヨーロッパでは、食糧危機の際の救荒植物として用いられていた歴史もある。

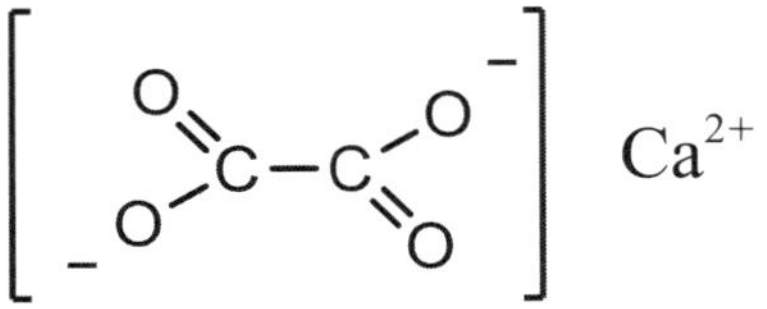

図6－15　シュウ酸カルシウムの構造。サトイモ科の植物に多く含まれ、針状の結晶を形成しやすいため、その刺激で痛みやエグミを引き起こす。

サトイモ科——身近な食品のエグミの原因、シュウ酸カルシウム

ウラシマソウ、カラスビシャク、クワズイモ、ムサシアブミ、コンニャク、タロイモ、テンナンショウ等のサトイモ科の仲間は、シュウ酸カルシウム（図6－15）を蓄積する性質がある。このほか、ホウレンソウ、ツルナ、タケノコ、イタドリ、ヤマイモ、キウイフルーツにも多量に含まれる。

シュウ酸カルシウムは不溶性の針状結晶を形成しやすいため、多量に含む植物を口にしたとき、口腔粘膜に刺さり、物理的刺激により強い痛みやエグミを感じ、浮腫を生じ、さらに嚥下困難や呼吸困難などを引き起こすこともある。クワズイモの茎を誤食して食中毒を起こしたという例も報告されている。

食品の蒟蒻《こんにゃく》はサトイモ科のコンニャクの大きく肥大した根茎であるコンニャクイモから作られる。コンニャクイモには、当然シュウ酸カルシウムの不溶性の針状結晶が存在しているので、生のものを口にすれば強いエグミや痛みを経験することになる。蒟蒻の製造では、加熱や塩基性物質（木灰、水酸化カルシウム等）による処理の過程で、コンニャクの主成分の多糖成分であるグルコマンナンが凝固し、プルプルの蒟蒻になる。この過程でシュウ酸カルシウムの結晶を取り除くことができる。

ヤマイモ料理やキウイフルーツを食べたとき、唇の周りや舌がピリピリしたりかゆみを感ずるのもシュウ酸カルシウムの結晶によるものだ。シュウ酸塩としての含有量は、コンニャクイモに比べて、ホウレンソウ、ツルナ、タケノコのほうがはるかに多いが、ほとんどが可溶性のシュウ酸塩で存在しているため、これら食材は茹でて灰汁抜きをすることによりシュウ酸塩を除去でき、エグミを取り除くことができる。痛みの激しい病気である尿路結石の原因の80％以上は、シュウ酸カルシウムの不溶性結晶によるといわれている。

このように、非常に単純な低分子の化合物であっても、動物等による食害を防ぐために植物が発展させた化学戦略と考えることができる。

第7章　発がん物質

現在では多くの有機化合物が合成され用いられるようになり地球上に満ちあふれている。それらの中には、がんの原因となる化学物質も数多く知られている。たとえば、タバコの煙の中には4000種近くの物質が確認されており、その中にはベンツピレン、ナフチルアミン、ニトロソアミンなどの強力な発がん物質が含まれている。いかに禁煙が重要かおわかりいただけるだろう。

一方、我々が口にする可能性のある植物に含まれる有機化合物は、比較的安全との認識が普通である。しかし、その例は多くはないが、発がん物質の存在が明らかになっている。これらは、カビ毒であるアフラトキシンや悪名高い化学物質ダイオキシンなどのような強い発がん性はないが、長期間、大量に摂取すれば発がんのリスクがある。

しかし、人間の生活の知恵で培われた灰汁抜きなどの処理を行えば、そのリスクを十分に避けることができる。植物起源の発がん物質は、多くの場合、直接がんを引き起こすのではなく、体内に取り込まれ代謝を受ける過程で強い発がん性物質（究極発がん物質）に変化し、がんを誘導すると考えられている。この物質の生合成も、植物が身を守るための化学戦略といえる。発がんの二段階説に関連した発がんプロモーターを含め、代表的な植物起源発がん物質について以下に述べていこう。

発がんプロモーター

トウダイグサ科の植物は、茎や枝葉を切断すると白い乳液を出すものが多く、その乳液で皮膚がかぶれることがある。特に、ハズ（巴豆、*Croton tiglium*）という植物の種から得られるハズ油は峻下剤として用いられるが、この中に含まれるホルボールエステル（ＴＰＡ）は、炭素数が20のジテルペンに脂肪酸がエステル結合した誘導体で、強い発がんプロモーター作用がある。

がんの発症は、二段階で進行する発がん二段階説という考えが知られている。ヒトが発がん物質にさらされると、その影響で遺伝子すなわちＤＮＡが損傷し、突然変異が誘導される。このステップをイニシエーションという。

この一段階目を経過後、多くの場合は、修復機構が働きＤＮＡの損傷は修復されことなきを得る。障害が重篤な場合は細胞が死滅することになるが、不幸なことに、ＤＮＡに損傷が与えられたのち、細胞が死ぬことなくがん化の方向に誘導されるプロモーションという二段階目を経由するとがん細胞へ誘導される。ハズの成分ＴＰＡは、この二段階目の反応である発がんプロモーション作用を引き起こし、ヒトにがんを誘導することになる（**図7－1**）。

この発がん二段階説に従えば、たとえ一段階目のイニシエーションの引き金が引かれても、二段階

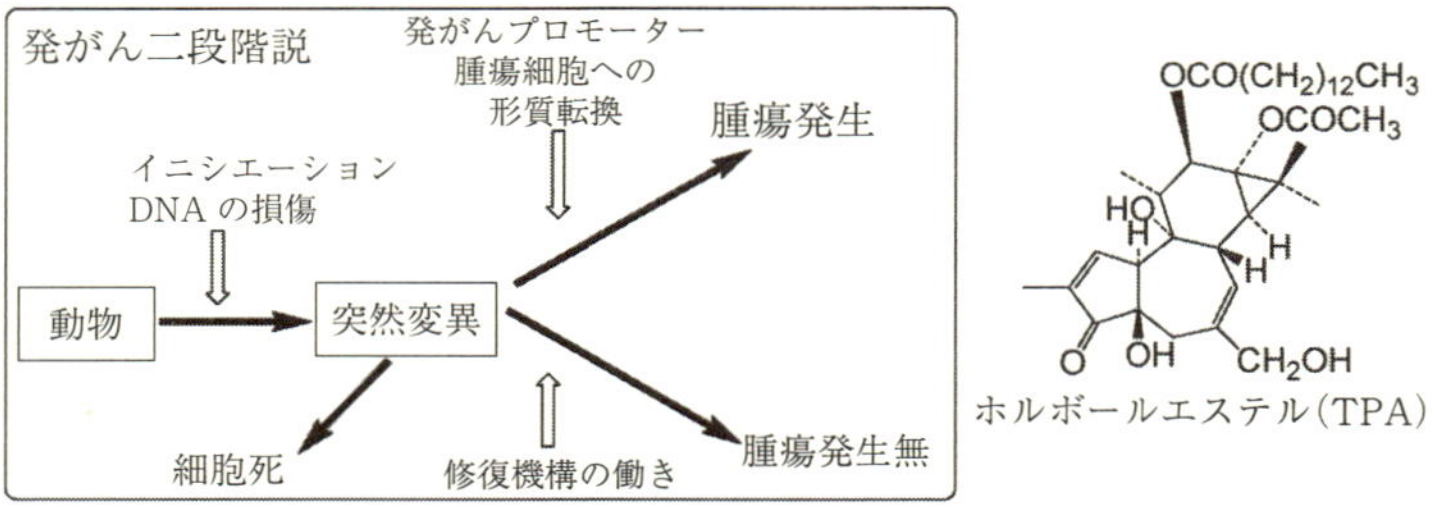

図７－１　発がんの二段階説の二段階目のプロモーションを誘導する植物成分として、TPA が知られている。

目のプロモーションの段階を抑制することにより発がんを防ぐことができる。この考え方から、がんの予防のため、発がんプロモーターを阻害する抗発がんプロモーター物質を探索する研究も行われている。

ワラビ――灰汁抜きでなくなる発がん性

日本は緑豊かな山菜の豊富な国で、春から初夏にかけては山菜で食卓がにぎやかになる。セリ、ウド、タラノメ、シドケ、フキ、ネマガリタケ、コゴミなどの山菜採りが盛んに行われる。数ある山菜の中でも、ワラビ（*Pteridium aquilinum*）は身近で最も愛されている山菜の一つだ。ワラビは世界中に広く分布するシダ植物だが、これを食べるのは日本人ぐらいではないかといわれている。

昔からワラビを食べると貧血になるとか、放牧されているウシがワラビを食べて血尿症を発症することが世界中で問題になっていた。最初、動物実験でワラビによる直腸腺がんの誘導が報告され、その後、ワラビによる各種がんの誘導が報告されたことを契機に、世界中でワラビの発がん物質の解明研究が行われてきたが、不安定な物

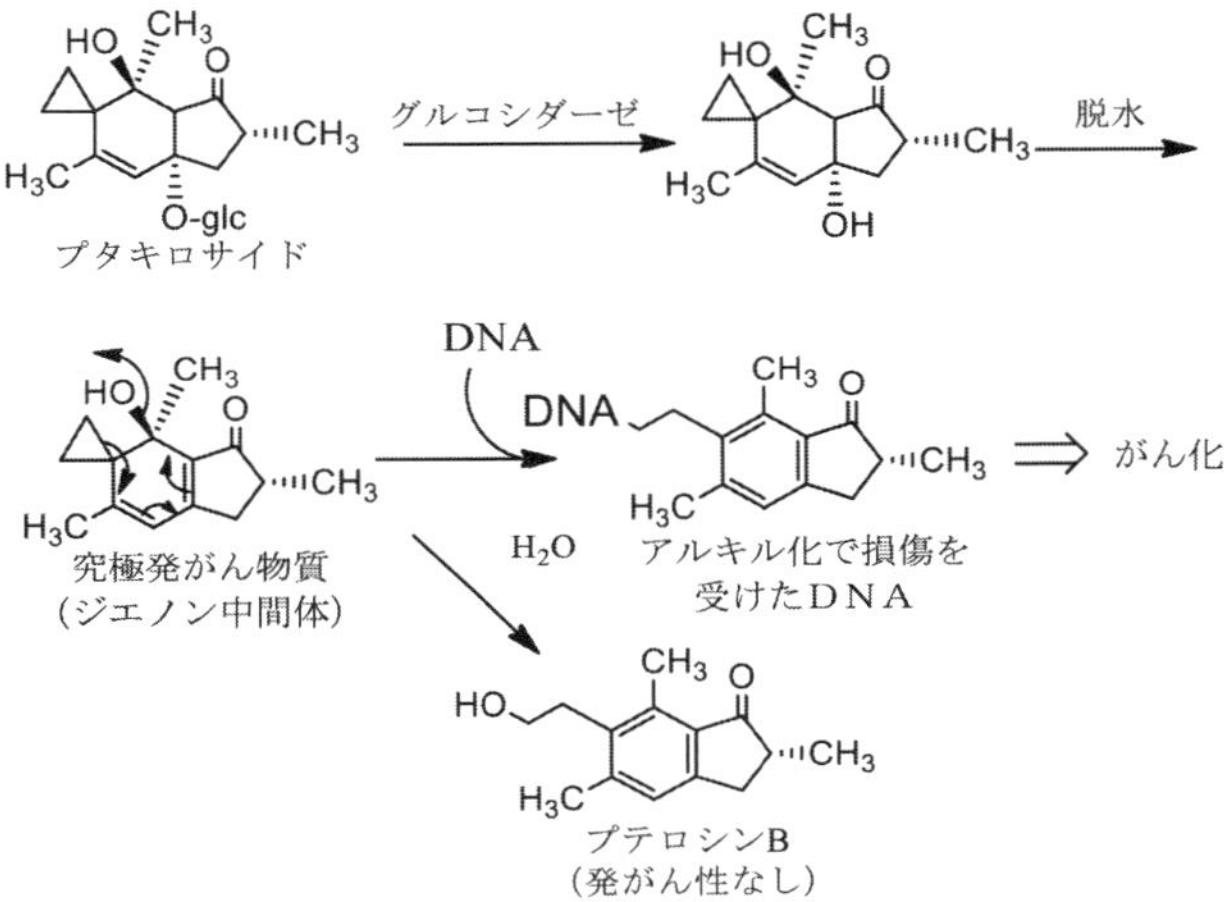

図７－２　プタキロサイドは不安定で、分解して反応性の高いジエノン中間体となりDNAをアルキル化し、がんを誘導する。

質のためその解明は困難を極めた。
最終的には、１９８０年、名古屋大学のグループにより、その本体がプタキロサイドというセスキテルペンの配糖体であることが明らかになった（**図７－２**）。プタキロサイドの化学的性質は非常に興味が持たれた。不安定な構造にグルコースが結合し、やや安定な構造を維持しているが、塩基性の条件や、消化過程で糖の結合を切る酵素であるグルコシダーゼが作用することにより、グルコースが外れ、非常に不安定なジエノン体といわれる中間体になる。

この中間体は究極発がん物質といわれるもので、非常に反応性が高く、ＤＮＡに結合することにより遺伝子に変異を誘導する。その結果、細胞の発がん過程の最初の段階であるイニシエーションステップが誘発され、発がんへと導かれる。反応性の高い中間体は、ＤＮＡと出会わない条件では、水などとさらに反応し、非常に安定なプテロシンBという誘導体へと変化し、発がん性は失われる。

先人の知恵で、ワラビは灰汁抜きをして食べるが、木灰処理や重曹処理、塩漬けにすることにより発がん性がほとんどなくなることが実験的に証明されている。ワラビの発がん性の動物実験では、灰汁抜きしていない乾燥ワラビの粉末を混ぜた餌を長い日数与えることでがんが誘導される。普通我々がワラビを食べる量は限られており、しかも、何日も食べ続けることはない。灰汁抜きしたワラビを普通に食べる範囲では発がんを心配する必要はない。そもそも灰汁抜きを行わないと、ひどいエグミで食べることができない。そのために灰汁抜きという先人の知恵が生まれたわけだが、これは、自然が人類に、ワラビをそのまま食べてはいけないよとの警告を与えてくれているようにも思える。

ソテツ――沖縄などでは救荒植物に

ソテツ（*Cycas revoluta*）はイチョウと同じ裸子植物で、比較的古い植物である。日本の九州南部や沖縄、台湾、中国南部に自生している。

南国ムードを持つ植物で、学校の前庭などに昔から植えられていた。ソテツの実や幹にはデンプンが豊富に含まれているため、沖縄や奄美群島および南方諸島では、食糧飢饉のときにはソテツの実を十分に水にさらしたり、加熱したりして有毒成分を除いてから、デンプンを取り出し食用にする救荒植物として用いられた歴史がある。

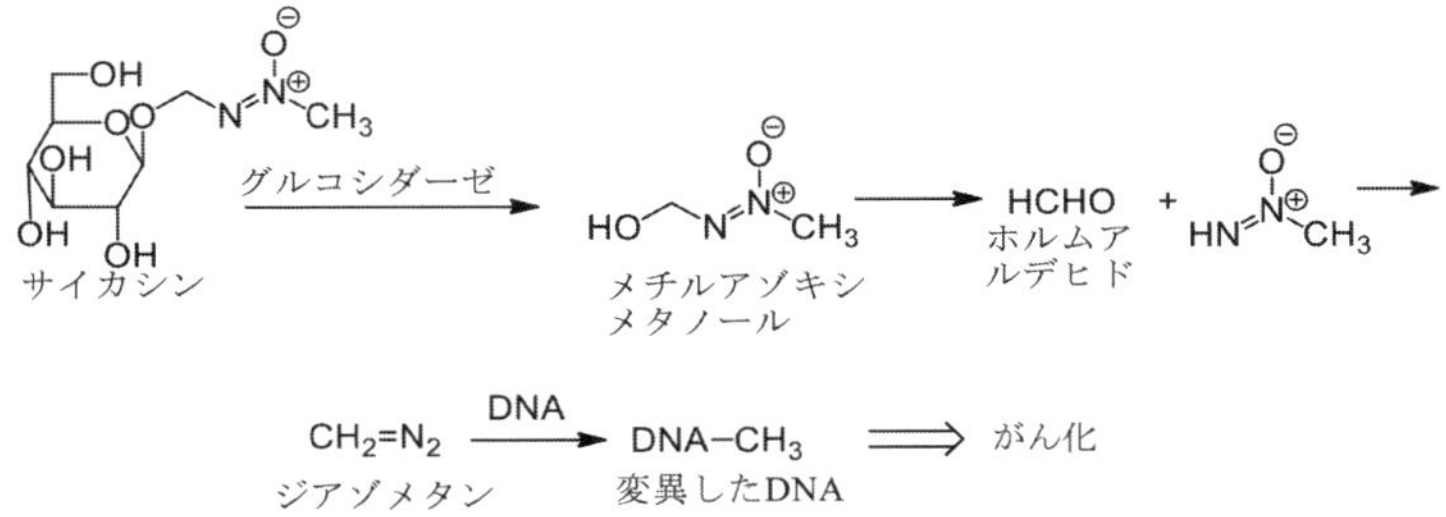

図７－３　ソテツに含まれるサイカシンは肝臓で代謝されジアゾメタンが誘導され、メチル化剤として働き、がんを誘導する。

しかし、さらし方が不十分な場合もあり、中毒事故が起こることもあったようである。中毒症状として、肝臓障害や肝臓がんの発症が問題になっていた。最近では、十分に無毒化して団子などにして、沖縄地方のローカルフードとして食べられることもあるようだ。

ソテツの中毒の原因物質はサイカシンという化合物である（**図７－３**）。サイカシンはメチルアゾキシメタノールのグルコース配糖体で、それ自身には毒性はないが、ヒトの体内に取り込まれることで、消化管を通り血中に移動して肝臓に送られたところで代謝を受け、グルコースが除去される。得られたメチルアゾキシメタノールは不安定で、分解することによりホルムアルデヒドとジアゾメタンを与える。

ホルムアルデヒドは強い有毒物質であり、かつ、ジアゾメタンは、合成化学の分野でもしばしば用いられる非常に反応性が高いメチル化活性を持つ化合物である。サイカシンの分解により生じたジアゾメタンは、ＤＮＡをメチル化することにより、遺伝子に変異が誘導され発がんの第一のステップであるイニシエーション

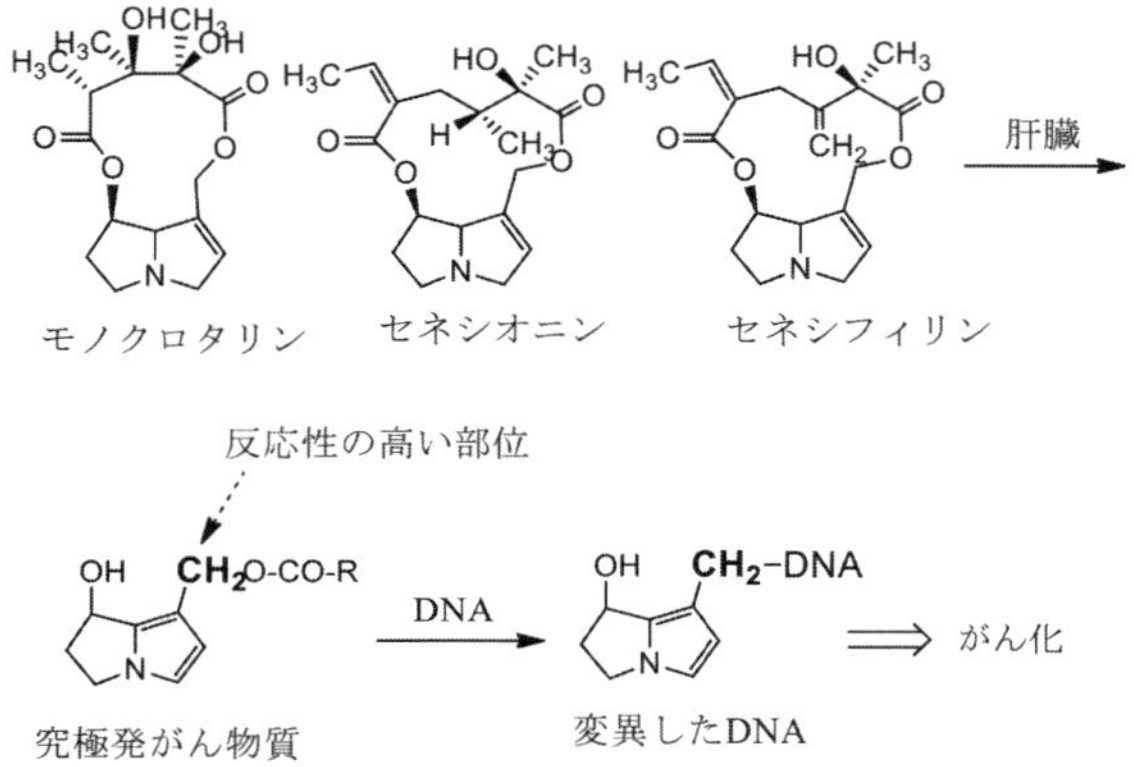

図7－4　ピロリジンアルカロイドは代謝され、究極発がん物質に変化する。反応性の高い -CH_2- が DNA と反応し、がんを誘導する。

が誘導される。その結果、大腸がんや肝臓がんなどが誘発される。

ピロリチジンアルカロイド——肝硬変やがんの原因

草食家畜の肝硬変の原因として、古くからキク科のセネシオ属植物が疑われていた。また、アフリカのある地域の人々に肝臓障害が多く、セネシオ属植物を食べていることなども疫学調査で明らかになっていた。その後、セネシオ属植物からセネシオニン等のアルカロイドが分離された。キク科のセネシオ属植物からしばしば分離されたことからセネシオアルカロイドともいうが、化学構造的には窒素を含むピロリチジン骨格を持っていることからピロリチジンアルカロイドと呼ばれている。

ピロリチジンアルカロイドは、キク科以外に、ムラサキ科、マメ科などの植物からも報告され、肝臓毒性や発がん性のあることが明らかになっており、ヒトや家畜の誤食による被害が世界中で問題になっている。

　摂取した場合、肝臓で代謝され、非常に反応性の高い究極発がん物質に代謝され、**図7－4**の構造で $-CH_2-$ 部分の反応性が高く、ＤＮＡやタンパク質と結合し肝硬変や肝臓がんを引き起こす。一時期健康食品として注目されていたムラサキ科のコンフリーは、ピロリチジンアルカロイドを含む可能性があるということで、厚生労働省から食品として用いないようにとの注意勧告が行われている。

　ピロリチジンアルカロイドが含まれているフキやフキノトウ等の山菜や健康食品の使用には注意を要する。植物は、有毒物質であるピロリチジンアルカロイドを生合成し蓄えることにより、草食動物や昆虫による食害から身を守る方法を進化の過程で発展させてきたものと考えることができる。

　一方、植物が食害昆虫や動物から身を守るために合成している有毒物質であるピロリチジンアルカロイドを、逆に利用して、己の生存戦略に利用しているしたたかな昆虫がいる。この例はコラムの「アサギマダラ」で詳しく述べる。

コラム11　アサギマダラ——2000㎞を渡り、有毒物質を摂取するチョウ

アサギマダラ（*Parantica sita*）はタテハチョウ科マダラチョウ亜科に属し、前翅長が4〜6㎝で、羽を広げると10㎝前後になり、黒と褐色の模様と透けるような薄い浅葱色のまだら模様を持った美しいチョウである。

縦に細長い日本を北から南に行き来し、時には南シナ海の上を飛んで台湾にも到達する、2000㎞の渡りを行っていることで有名だ。多くのアマチュアの愛蝶家の協力でマーキングによる調査が行われ、アサギマダラの渡りの様子がわかってきている。長野県大町市から台湾南部への渡りや、石川県輪島市から中国大陸の上海近くの浙江省平湖市までの渡りなどが確認されている。このためには長い距離海上を飛ぶという離れ業もやってのける。ちなみに、アメリカ大陸に住むオオカバマダラ（*Danaus plexippus*）というチョウは、中米から北米にかけ3600㎞もの距離を、世代を交代して渡りをするといわれている。いずれにしても、小さく華奢なチョウが数千キロを飛んでいくことは驚異である。

大分県の姫島で、5月から6月にムラサキ科のスナビキソウ（*Heliotropium japonicum*）の群落に何千頭ものアサギマダラの雄が乱舞する様子が見られることが、テレビで紹介

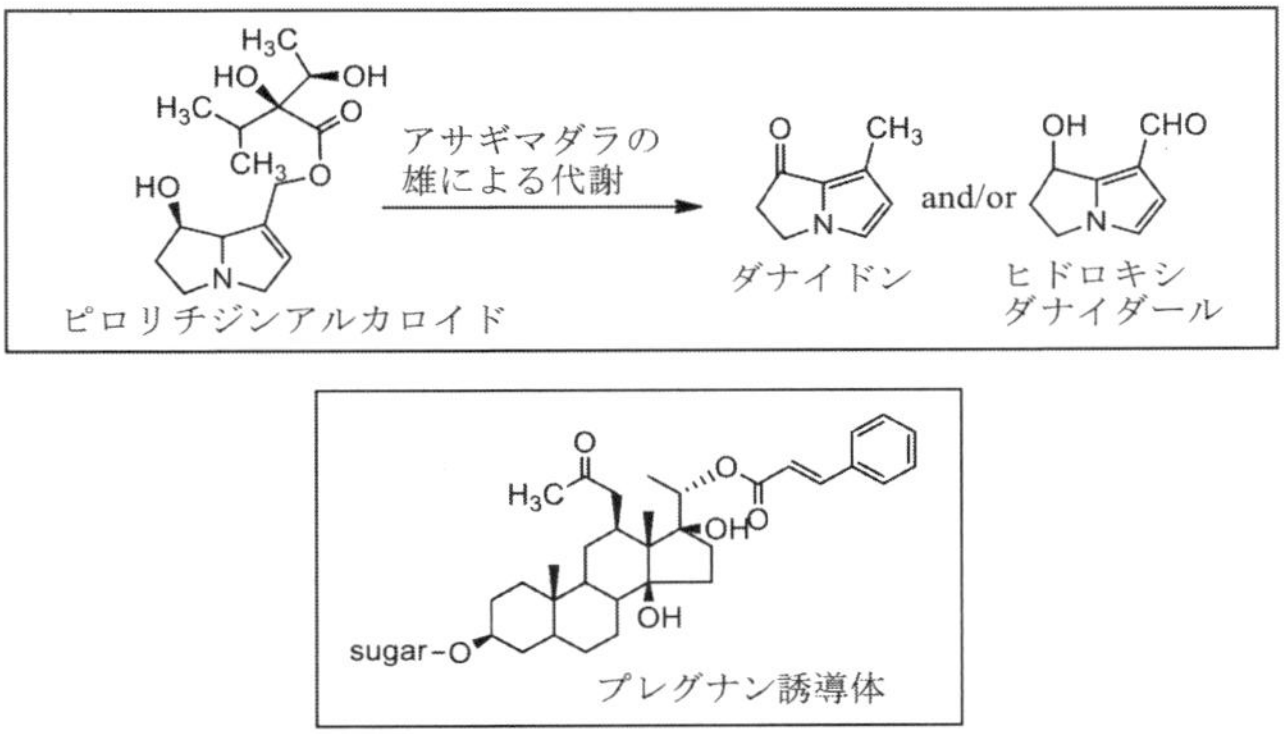

図7–5　アサギマダラの雄はフジバカマなど植物の蜜を吸い、摂取したピロリチジンアルカロイドをダナイドンなどに代謝し性フェロモンとして用いる。また、有毒植物ガガイモ科植物に産卵し、幼虫はこの植物を食べ、有毒物質を体内に溜めている。

された。アサギマダラなどのマダラチョウの仲間の雄は、あえて有毒のピロリチジンアルカロイドを含有しているスナビキソウやキク科のヨツバヒヨドリ (*Eupatorium chinense*)、ヒヨドリバナ (*E. makinoi*)、フジバカマ (*E. japonicum*) などの植物の蜜を吸い、そこに含まれているピロリチジンアルカロイドを体内に取り込み蓄える。これにより、鳥などの捕食から逃れているのだろう。

それだけでなく、雄のチョウはピロリチジンアルカロイドを体内で代謝してダナイドンやヒドロキシダナイダールという化合物に変換し、雄として成長するためのホルモンであると同時に、ヘアーペンシルという組織から分泌することで雌との繁殖行動を誘導するための性フェロモンとして利用している（図7-5）。

一方、アサギマダラの雌は強心作用を持つプレグナン誘導体といわれる有毒物質を含むキジョラン（*Marsdenia tomentosa*）、イケマ（*Cynanchum caudatum*）などのガガイモ科の植物に産卵する。孵化した幼虫はガガイモ科の植物を食べ、これらの毒物を体内に溜め、鳥などの捕食者に食べられないように身を守っていることも明らかになっている。植物が自らの身を守るため生合成して蓄えている有毒な防御物質に対する耐性を獲得し、あえて体内に取り込んで蓄えることにより種の保存に利用する戦略から、昆虫のしたたかな生きざまを垣間見ることができる。

第8章　植物が動くメカニズム

動物が筋肉を使って動くことはごく当たり前で、植物は動かないことは世間の認識だ。しかし、植物も能動的に動くことがある。触れると葉が閉じるオジギソウや、止まった虫を、葉を閉じて捕らえる食虫植物などが知られている。このような急な葉の動きは一部の植物に限られるが、ゆっくりとした動きである昼夜の葉や花の開閉（就眠運動）は比較的多くの植物に見られる。たとえばマメ科のネムノキ、クサネム、カワラケツメイ、メドハギの葉やタンポポの花で行われる。動物のように目立った動きではないが、間違いなく植物も体の一部を動かしている。この、急な動きとゆっくりとした動きのメカニズムについて見ていこう。

オジギソウの急激な動き

マメ科のオジギソウ（*Mimosa pudica*）の葉に触れると、広がっていた葉が急激に閉じる。この現象は多くの方が実際に経験したことがあるだろう（**図8-1**）。筋肉を持たない植物がどうしてこん

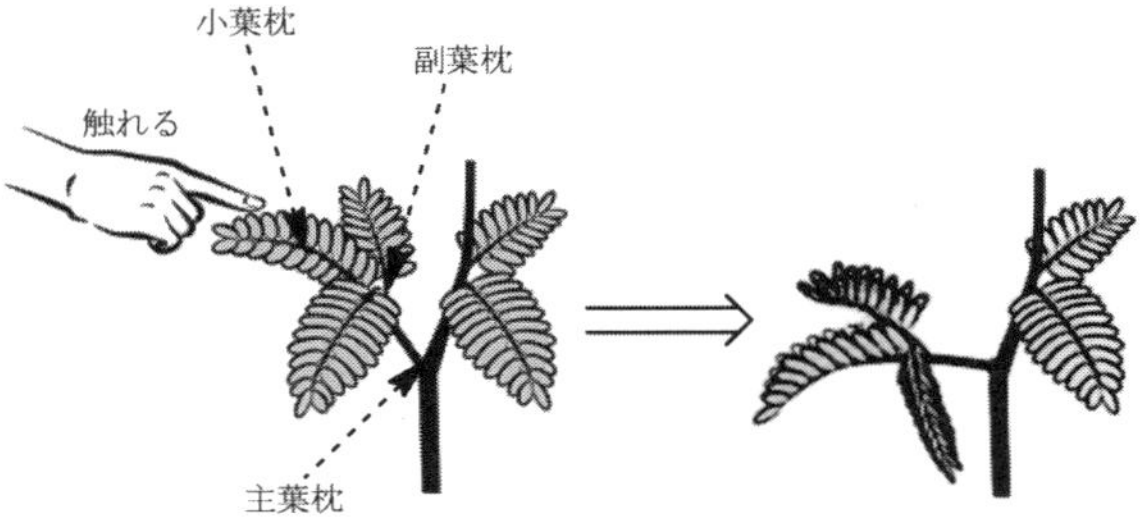

図８－１　オジギソウの葉柄の基部には主葉枕、羽片の基部には副葉枕、小葉の基部には小葉枕という３種の葉枕細胞があり、その動きで葉の開閉が行われる。

な動きができるのか不思議に思われる。当然この現象は昔から知られており、『種の起源』の著者ダーウィンや『昆虫記』の著者J・H・ファーブルなどの多くの著名な科学者も興味を持ち、観察記録を残している。

オジギソウの葉が閉じる現象には何らかの化学物質が関係しているであろうことはわかっていたが、その正体は解明されていなかった。１９８３年にその作用物質はターゴリンと呼ばれる化合物であると発表され、ゆっくりとした動きである就眠運動でも働いていると考えられていた。

しかし、多くの追試験により、ターゴリンが活性物質であることは疑わしいという結果になり、その解明は混迷を極めた。最近になって、オジギソウの接触刺激に反応する急激な運動は、リンゴ酸カリウム、アコニット酸マグネシウムおよびジメチルアンモニウム塩の3つの化合物の混合物によって誘導されることが、我が国の研究者により明らかにされた（図８－２）。これらの比較的単純な3化合物がどのようにしてこのような運動を引き起こすかの詳細は、今後に残された興味ある研究テーマ

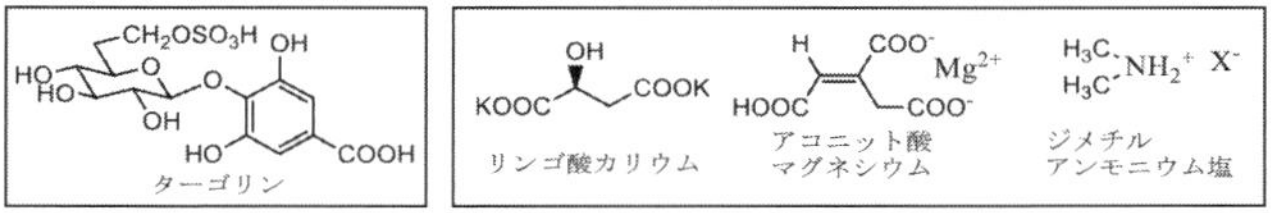

図８－２　オジギソウの葉の開閉を誘導する物質として、ターゴリンが候補とされ、その後拒否された。最近、リンゴ酸カリウム、アコニット酸マグネシウム、ジメチルアンモニウム塩の混合物が働くことが明らかになった。

である。

　では、どのようにして筋肉や骨格を持たない植物が葉を開いたり閉じたり動かすことができるのだろうか。植物の細胞は、カリウムイオンを能動的に細胞内外に移動させることに付随して、水分の吸収や排出を行っている。カリウムイオンが細胞内に取り込まれ、これに伴って水が細胞内に吸収されると、細胞は高い膨圧を持ち組織がぴんと張って、葉は開いた状態になる。逆に、カリウムイオンが細胞の外に移動すると、水が細胞外に移動し細胞内の膨圧が下がり、細胞は縮んで葉が閉じた状態になる。特に枝や葉の付け根の葉枕《ようちん》という細胞が、あたかも蝶《ちょう》番《つがい》のような働きをしている。この葉枕細胞への水の吸収－排出を急激に行うことで葉の開閉を行っている。

　葉に触れると、接触刺激により前述の3化合物混合物の供給が誘導され、これらの化合物の刺激でカリウムイオンの細胞内から外への移動が比較的急激に起こり、水分も細胞外へ急激に移動する。この膨満状態の葉枕細胞の水の排出により葉枕の膨圧が下がって葉が閉じる。葉が閉じた後はゆっくりと葉枕にカリウムイオンと水が再吸収されることで、開いた葉に戻る。

ところで、なぜオジギソウは葉を閉じる必要があるのだろうか。確かな理由はわからないが、葉をコンパクトに折りたたむことで昆虫による食害を防ぐためとか、強い雨や風による影響を最小限にするためではないかとの考えがある。

食虫植物であるハエトリソウが虫を捕獲する動きもオジギソウと同じように、虫が止まったという接触刺激を感知した後、何らかの化学物質が関与して葉の開閉を行って虫を捕らえていると考えられている。

就眠運動——ゆっくりとした動き

あまり目立たないが、多くの植物は昼夜に対応して葉を開閉する就眠運動を行っている。昼間は葉を広げ、光を存分に受けて光合成に励んでいる。花も同様に花弁を広げて、花粉を運んでくれる昆虫を誘っている。夜になると葉や花を広げておく必要もないため閉じる。

先に述べた接触刺激に対するような急激な反応ではないが、これも植物の動く行動である。葉ではマメ科のクサネム（*Aeschynomene indica*）、カワラケツメイ（*Chamaecrista nomame*）、メドハギ（*Lespedeza cuneata*）、トウダイグサ科のコミカンソウ（*Phyllanthus urinaria*）、花ではタンポポの例が知られている。

この就眠運動は生物時計によってコントロールされており、一日の周期が21～28時間で、約24時間

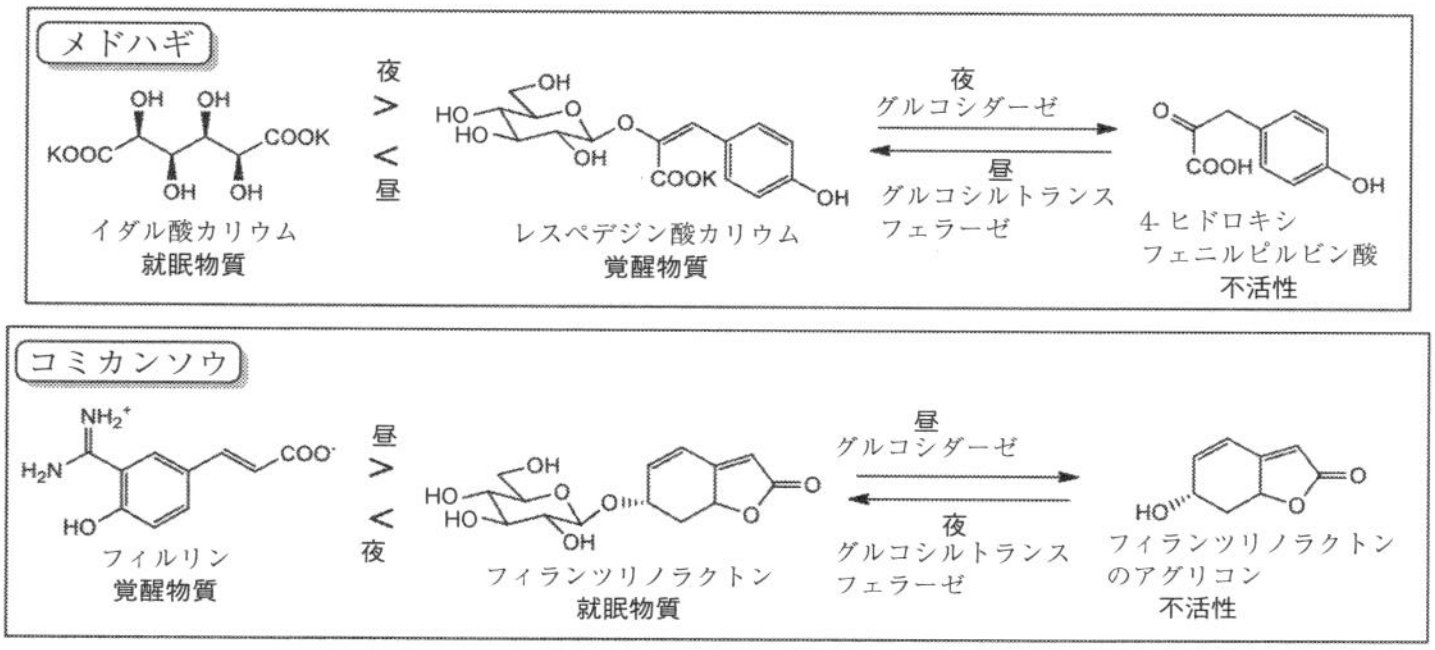

図8-3　植物のゆっくりとした動きである就眠運動は、就眠物質と覚醒物質の存在バランスでコントロールされている。

の概日リズムになっている。植物には就眠運動の概日リズムが記憶されているため、暗い所に24時間置いても葉の開閉の就眠運動が観察される。この運動にも化学物質が働いている。

就眠運動のようにゆっくりとした運動の場合は、2つの物質、すなわち、葉を開かせる覚醒物質と葉を閉じさせる就眠物質が共存し、そのどちらかは必ず配糖体として存在している（**図8-3**）。配糖体の糖の脱着によりそのバランスが昼と夜で異なり、葉を開いたり閉じたりすることが日本の研究グループにより明らかにされている。

メドハギの場合、就眠物質としてイダル酸カリウムが、覚醒物質として配糖体であるレスペデジン酸カリウムが存在する。夜になるとレスペデジン酸カリウムが加水分解を受け糖が除去され、覚醒物質が減ることで就眠物質のイダル酸カリウムが相対的に優勢になり、カリウムイオンとともに水が出ていくことで葉枕がしぼみ、葉が閉じる。

一方、コミカンソウの場合、覚醒物質としてフィルリンが、就眠物質として配糖体であるフィランツリノラクトンが存在している。昼間はフィランツリノラクトンが加水分解されアグリコンになる。その結果、就眠物質が相対的に劣勢になっているため、葉枕に水が満杯で葉が開いているが、夜になるとフィランツリノラクトンのアグリコンに糖が付加され、就眠物質であるフィランツリノラクトンの量が増えることにより、葉枕細胞からカリウムイオンとともに水が排出されしぼみ、葉が閉じる。この就眠物質や覚醒物質は植物の種類で異なっており、その活性の強さは植物ホルモンに匹敵する低濃度（10^{-5}M ～ 10^{-7}M）で作用するといわれている。

動物の筋肉のような体を動かすための特別な組織を持たない植物は、必ずしも効率的ではないが、葉枕細胞内外への水の移動を行うことで組織の一部を動かすことができるようになっている。ここでも、その動きを調節するために化学物質をシグナルとして使っている。こんなところにも植物の化学戦略を見ることができる。

あとがき

天然物化学という領域の研究で、身近な植物や薬用植物から生理活性成分の分離と化学構造決定の研究を行っていると、どんな植物にもたくさんの有機化合物が存在することや、それらの化合物の構造の多様性、その生理活性の面白さなどを経験する。そして、なぜ植物はこんなに多様な有機化合物を生合成し、蓄積しているのだろうという疑問を持つ。

人間が生まれ育つ過程で、病気を患ったり怪我をしたりで数えきれないほど病院や薬の世話になる。季節に合わせて衣類を変え、暑さや寒さに対して冷暖房機器の恩恵を受け、毎日食事をし、それを楽しんだりもする。また、勉強し、恋をし、働き、結婚し、他者との交流やスポーツを楽しみ、映画や音楽、読書、旅行も楽しむ。人は、いろいろなことを経験し生きていく。まさに動的な生活を送っている。

一方、植物は地面から芽を出し、静かにその芽を伸ばし、何事もなく静かに成長しているように見える。動きの激しい我々とはまったく異なる静かな生きざまを見せている。しかし、植物は我々が目にして感ずるように、何の波風もない環境で生きているのだろうか。もちろん否だ。植物も我々動物と同じように、病気をし、外敵から襲撃され、厳しい気候の変化にもさらされている。

生物は無駄なことはしないという考え方からすれば、多彩な二次代謝産物の生合成は、植物にとって遊びではなく何か意味があるはずとの結論に至る。ならば二次代謝産物は植物の生存戦略のために作られていると考えるのは自然の成り行きであろう。そこで、植物の化学戦略ということでまとめたのが本書になる。未確認のものも入れれば10万種以上といわれる天然物のほんの一部の化合物しか紹介できなかったが、今後、さらに多くの植物の化学戦略に関与する化合物の例が明らかになってくるものと思われる。

季節の移り変わりで、我が家の狭い庭に植えた草花や野菜の苗がすくすく育ち、次々とユリやビヨウヤナギの花が咲き、トマトが実り色づき始める。キュウリの蔓が盛んに伸び、雌花が咲くとその付け根には小さなキュウリの子どもが姿を現し、瞬く間に大きくなっていく。植え付けが行われた家の前の田んぼのイネは青々と茂り、植物のたくましさを強く感ずる。毎年必ずブルーベリーやカキの果実が実ってくれ、その収穫を楽しむことができる。

季節に忠実に生きている植物の姿を見ると、どうしてこんなにきちんと生命活動を繰り返すことができるのか不思議に思うことがある。それは、植物ホルモンという比較的低分子の化学成分が繰り広げる生存戦略によることを、理解していただけただろうか。

植物が行う光合成のおかげで我々人類を含めた生物が地球上で生命の営みを続けられることに、植物に対する畏敬の念を禁じえない。動くことができない一見穏やかで優しい植物が、じつは、他の生物や厳しい自然環境の変化に対して、大変な戦いを勝ち抜いて生きていること、さらに、そこには植物独特の多くの化学戦略があったことを感じていただけただろうか。

昆虫を含め、我々動物は、基本的には生きるための糧を自分で作り出すことはできない。我々人類は、高度に発達した頭脳を有し、科学技術を発展させ、地球上で、否、宇宙の中で最も高等な生き物であると考えている節がある。しかし、生物の本質的な使命は、子孫を残し繁栄し続けることであると考えると、1000年以上の寿命を持った木が存在すること、大賀一郎博士が発見した2000年前のハスの種が発芽し見事な花を咲かせた事例などを見れば、あらゆる気象や天変地異に対応して生き延びる術を習得した植物は、生物として最も進化した生き物ではないかと感じずにはいられない。地球上でたびたび起こった大絶滅の後に、最初に復活してきたのは植物で、その助けを借りて動物が地球上に現れてくることができたのではないだろうか。二酸化炭素と水と光があれば生きていくことのできる植物の生命力は、人間の生命力をはるかに凌駕している。

路傍に生えている名も知らない小さな植物から、森や山の大木に至るまで、すべての植物は光合成を行い、植物ホルモンの繊細な作用により成長し、そして多彩な二次代謝産物をひと時も休まず生合成し活用して生きている。植物はまさに超一流の化学者である。

最後になりましたが、築地書館編集部の黒田智美氏による丁寧な推敲と適切な助言により、硬くて退屈な文章になりがちな原稿を読者にわかりやすいものにすることができたと考えます。深く感謝します。

また、図中の一部のイラストは孫娘の織田あづきによるものであることを申し添えます。

黒柳正典

２０１８年2月

用語解説

ATP……アデノシン三リン酸のことで、3つ目のリン酸結合が高い結合エネルギーを持っており、生体内の反応に必要なエネルギーを供給している。酸素呼吸でより効率的にATPの合成ができるようになり、生物の進化が進んだ。

DNA……デオキシリボ核酸のことで、生物の遺伝情報を担う高分子。複製により遺伝情報を子孫に伝える。転写によりDNAの遺伝情報（タンパク質情報）がm-RNA（伝令-RNA）に伝えられる。

NADPH……ニコチンアミドアデニンジヌクレオチドリン酸の還元型である。酸化型はNADP+である。生体中の電子伝達系（酸化・還元反応）で働く補酵素。特に光合成では明反応で合成され、その後の暗反応で糖の合成に関与している。同様の反応に関与するNADHも生体中で働いている。

RNA……リボ核酸のことで、m-RNA、t-RNA（転移-RNA）、リボゾームRNAなどがある。DNAの遺伝情報が転写によりm-RNAに伝えられ、m-RNAの情報をもとにリボゾーム上で翻訳によりタンパク質が合成される。その際、ｔ－ＲＮＡがアミノ酸の運び役を担い、リボゾームＲＮＡはリボゾームの主要構成要素になっている。

液胞……成長した植物細胞では細胞の90％以上の容積を占める膜に包まれた小器官で、水溶液で満たされ、糖、有機酸、タンパク質や二次代謝産物を蓄積している。細胞のpH調節やイオン濃度調節、老廃物の処理、また色素の貯留などを行っている。植物においては重要な器官。

化学進化……原始地球における生命誕生以前、アンモニア、水、二酸化炭素などの単純な無機分子から、宇宙からの紫外線や放射線によってアミノ酸、糖などが生成し、さらに高分子への変化が起こり生命誕生への準備ができたと考えられている。この過程を化学進化という。

学名……我々の名前が氏名で成り立つように、生物の学名はリンネによって体系化された二名法で命名される。属名と小種名で構成され、ラテン語で命名されイタリックで表記することになっている。たとえばイネの学名は *Oryza sativa* と表記され、*Oryza* が属名、*sativa* が小種名ということになる。ちなみに、ヒトの学名は *Homo sapiens* と表記される。

器官形成……生殖細胞である胚細胞が、受粉後、盛んな細胞分裂を経て異なる細胞に分化され、葉、茎、根や花などそれぞれの機能を持った組織（器官）へと変化すること。

気孔……高等植物の葉の裏に存在する構造。光合成に必要な二酸化炭素を取り込むための隙間で、孔辺細胞によって構築されている。孔辺細胞の形を変えることで隙間の大きさを変え、二酸化炭素の取り込み量を調節するとともに、植物からの水蒸気の蒸散もコントロールしている。

クエン酸回路……TCA回路あるいはクレーブス回路ともいう。解糖系で生成された酢酸をさらに代謝し、効率的にエネルギーを取り出すための回路で、この過程で各種アミノ酸生合成の前駆物質を供給する。また、この回路が酸化的リン酸化へつながり大量のATPを生産する。

原核生物……遺伝子を収納する核膜組織を持たないため、遺伝子が細胞質に浮遊した状態で存在する生物で、古細菌や真正細菌がこれにあたる。基本的に単細胞生物で、進化の過程の初期に誕生した形態。二分裂による無性生殖で増える。

酸化的リン酸化……ミトコンドリアが持っている機能で、酸素を用いることにより、有機化合物を二酸化炭素と水にまで代謝してエネルギーを取り出す反応メカニズムで、好気的呼吸と呼ばれるもの。ちなみに、嫌気的呼吸では、グルコース1分子からATPが2分子取り出されるが、好気的呼吸では38分子のATPを取り出すことができる。

酸化と還元……有機反応の中でも最も基本的な反応で、生物の体の中でも常に起こっている反応。生物が取り込んだ有機化合物は、酸素による酸化でエネルギーが生み出され二酸化炭素と水になる。一方、光合成によるグルコースの合成は、典型的な還元反応である。酸化反応はエネルギーが放出される発熱反応で、還元反応はエネルギーを必要とする吸熱反応。

シアノバクテリア……27億年前に地球に誕生したと考えられている。二酸化炭素と水から、太陽エネルギーを用いてグルコースを合成する光合成能力を持つ原核細胞。ミトコンドリアが共生した真核細胞にシアノバクテリアが共生することで、植物が誕生した。

縮合……複数の分子がつながっていく反応。典型的な例としては、水などが抜けることによってつながって大きな分子になっていく反応で、このような反応を脱水縮合という。グルコースが脱水してできるデンプンやセルロースが良い例である。

自律神経……意思とは無関係に、血管、心臓、胃腸、膀胱《ぼうこう》、唾液腺などの内臓器官を自律的に支配する神経系で、交感神経系と副交感神経系から構成されている。交感神経は瞳孔散大、血圧上昇、心拍数上昇、胃腸の運動抑制、精神活動活発化を誘導する。副交感神経は瞳孔収縮、血圧降下、心拍数減少、胃腸の運動促進、精神活動はリラックス状態になる。両者は拮抗的に働く。

真核生物……原核生物から進化して誕生した。遺伝子が核膜組織で包まれ細胞質から隔離されて存在し、より高い機能を持っている。ミトコンドリアが共生することにより、代謝機能が活発になり、多細胞生物に進化し動物や植物が誕生した。

水酸基……有機化合物の置換基で -OH で示される構造のこと。水酸基は電子的に偏りがあるため、極性が高い。そのため、水酸基の結合した有機化合物は、水酸基の数が増えることでより極性の高い分子となり、水に溶けやすくなる。水酸基には、ベンゼンのような芳香環に結合した弱い酸性を呈するフェノール性水酸基と、アルキル構造に結合した中性を示すアルコール性水酸基がある。

脱炭酸……カルボキシル基（-COOH）を持つ有機化合物 R-COOH から二酸化炭素（CO_2）が取り除かれることにより、R-H を生成する反応が脱炭酸。脂肪酸の生合成では、炭素数3のマロン酸から、脱炭酸して炭素数2の酢酸ユニットがつながっていく。

頂芽と側芽……植物の成長は、基本的には芽の先端で細胞分裂が盛んに行われ、上へ上へと伸びていく。この植物の先端部を頂芽といい、それ以下の節から出てくる芽を側芽（あるいは腋芽）という。頂芽で生合成されるオーキシンによる頂芽優勢という現象については67ページで述べた。

独立栄養生物……二酸化炭素を原料として有機物質を自ら合成し栄養素として用いるため、外部から栄養を取り込む必要のない生物のこと。光のエネルギーを利用して有機化合物を合成する光合成独立栄養生物と、還元型無機物質である水素、アンモニア、亜硝酸、硫黄化合物、二価鉄などの酸化でエネルギーを獲得する化学合成独立栄養生物があり、植物は前者にあたる。

ピーエッチ（pH）……溶液の酸性度を示す指標として、水素イオン濃度をピーエッチ（pH）で表す。中性ではpHは7となり、数値が7より大きくなると塩基性が強く、7より小さくなると酸性が強くなる。

分化と脱分化……胚細胞から特定の機能を持つ器官に変化していく現象を分化という。その反対に、特定の器官に分化した細胞が、その特定の機能や形状を失い、カルスのように特定の器官としての形態を持たない細胞に変化することを脱分化という。植物細胞は分化と脱分化を行うことができ、動物細胞は基本的には、胚細胞から各臓器への一方向への分化しかできない。最近では、分化した細胞から胚性の全能細胞への変化を可能にしたＥＳ細胞やｉＰＳ細胞が注目されている。

ミトコンドリア……酸素を用いて有機化合物を代謝する能力を備えた原始的な好気性細菌が祖先と考えられる細胞小器官。太古の時代から真核細胞に共生し、そこに留まって真核細胞の一小器官となり、酸化的リン酸化により効率的なエネルギー（ＡＴＰ）の取り出しに貢献している。

虫こぶ……虫瘤《ちゅうえい》ともいう。昆虫や線虫、微生物などが寄生したとき、葉や茎や根などの寄生された組織周辺の細胞が異常に増殖し、侵入者を封じ込める形態。宿主の植物や寄生者により、それぞれ独特のこぶ状の組織を作る。ブナ科植物の若芽にタマバチ類が寄生してできる虫こぶは、タンニンなどの特殊な化学成分を大量に含み、医薬品原料として用いられる。

離層形成……葉や果実などが茎に結合している部分で新たに膜組織が形成される現象。茎との接点で容易に離れやすくなることから、落葉や落果が起こる。離層形成にはエチレンが大きな働きをしている。

矮性植物……その種類の一般的な大きさより小さな状態で成長するもので、特に植物においては、矮性の品種が広く知られており、ベランダや家の中など、比較的狭いスペースで栽培を行う場合に人気がある。最近では遺伝子操作や植物ホルモン投与による矮性植物の改良もしばしば見られる。

参考文献

浅見忠男・柿本辰男編『新しい植物ホルモンの科学　第3版』講談社、２０１６年
今堀和友・山川民夫監修『生化学辞典　第4版』東京化学同人、２００７年
岩科司『花はふしぎ——なぜ自然界に青いバラは存在しないのか?』講談社ブルーバックス、２００８年
上田実・杉本貴謙・高田晃・山村庄亮「植物の運動を支配する鍵化学物質」化学と生物、第40巻9号５７８-５８４頁、２００２年
栗田昌裕『謎の蝶アサギマダラはなぜ海を渡るのか?』ＰＨＰ研究所、２０１３年
厚生労働省ＨＰ「自然毒のリスクプロファイル」http://www.mhlw.go.jp/stf/seisakunitsuite/bunya/kenkou_iryou/shokuhin/syokuchu/poison/index.html（２０１７年11月30日参照）
小柴共一・神谷勇治編『新しい植物ホルモンの科学　第2版』講談社、２０１０年
佐藤公行・和田正三・日本光生物学協会編『生命を支える光』（シリーズ・光が拓く生命科学　第３

巻）共立出版、２０００年
佐藤健太郎『世界史を変えた薬』講談社現代新書、２０１５年
サントリーホールディングスＨＰ「世界初！『青いバラ』への挑戦　開発ストーリー」http://www.suntory.co.jp/sic/research/s_bluerose/story/（２０１７年11月30日参照）
塩尻かおり他「植物‐植食者‐天敵相互作用系における植物情報化学物質の機能」日本応用動物昆虫学会誌、第46巻３号１１７‐１３３頁、２００２年
瀬戸治男『天然物化学』（バイオテクノロジー教科書シリーズ17）コロナ社、２００６年
田中治・野副重男・相見則郎・永井正博編『天然物化学　改訂第６版』南江堂、２００２年
田中修『葉っぱのふしぎ――緑色に秘められたしくみと働き』（サイエンス・アイ新書）ＳＢクリエイティブ、２００８年
田中真知『変な毒すごい毒――こっそり打ち明ける毒学入門』（知りたい！サイエンス）技術評論社、２００６年
地球科学研究倶楽部編『生命38億年の秘密がわかる本』学研プラス、２０１７年
津田孝範・須田郁夫・津志田藤二郎編著『アントシアニンの科学――生理機能・製品開発への新展開』建帛社、２００９年
中崎昌雄『立体化学Ｉ――対称を中心に』東京化学同人、１９７５年
西谷和彦『植物の成長』（新・生命科学シリーズ）裳華房、２０１１年

西村尚子著・日本植物生理学会監修『花はなぜ咲くの？』（植物まるかじり叢書３）化学同人、２００８年

日本植物生理学会ＨＰ「みんなのひろば」https://jspp.org/hiroba/（２０１７年11月30日参照）

藤井義晴『植物たちの静かな戦い――化学物質があやつる生存競争』化学同人、２０１６年

船山信次『アルカロイド――毒と薬の宝庫』共立出版、１９９８年

フランク・ライアン（夏目大訳）『破壊する創造者――ウイルスがヒトを進化させた』ハヤカワ・ノンフィクション文庫、２０１４年

御影雅幸・木村正幸編『伝統医薬学・生薬学』南江堂、２００９年

渡辺修治・大久保直美『花の香りの秘密――遺伝子情報から機能性まで』（香り選書12）フレグランスジャーナル社、２００９年

Ｌ・テイツ、Ｅ・ザイガー編（西谷和彦・島崎研一郎監訳）『テイツ　ザイガー植物生理学　第３版』培風館、２００４年

Paul M. Dewick "Medicinal Natural Products: A Biosynthetic Approach" John Wiley & Sons, 1997

【や行】
ヤナギタデ　110
有毒物質　156
葉枕　193
葉緑体　89
ヨトウムシ　110

【ら行】
ラカンカ　147
ラフレシア　144
リシン　172
離層形成　72, 206
リママメ　114, 125
レチナール　149
レンゲツツジ　173
老化　71
ロテノン　105
ロドプシン　149

【わ行】
矮性　82, 206
ワサビ　107
ワラビ　182

【な行】

内生菌根　120
ナギ　96
ナス科のファイトアレキシン　101
ナタマメ　97
ナデシコ目　136
ナミハダニ　114, 125
ニコチン　105, 115
二次代謝　35
ニトロゲナーゼ　118
ノドファクター　118

【は行】

ハーバー・ボッシュ法　117
配糖体　52
ハシリドコロ　166
ハズ　181
発芽　62
発芽促進作用　76
発がん二段階説　181
発がんプロモーター　181
発生　62
ハテナ　22
ハナヒリノキ　174
バニリン　45
パンスペルミア説　13
光情報受容体　32
ヒガンバナ　161
非メバロン酸（MEP）経路　39
ピレスロイド　105
広島市の花　169
ピロリチジンアルカロイド　50, 186, 189
ファイトアレキシン　100
ファルネシル二リン酸（FPP）　39
フィトクロム　32
フィトンチッド　41, 98
フェニルアラニンアンモニアリアーゼ（PAL）　44
フェニルプロパノイド　44
フォトトロピン　32
複合経路　46, 50
プタキロサイド　183
ブラシノステロイド　81
フラボノイド　46, 139
ブランチングファクター（BF）　121
プロスタグランジン　84
分化全能性　89, 91
ヘアリーベッチ　97
β-カロテン　26, 41, 87, 149
ベタレイン　136
ベラドンナ　167
ホモキラリティー　20
ホモクエン酸　119
ポリケタイド　42
ポリシチン　116
ポリネーター　143
ホルボールエステル（TPA）　181
ホルミル基　55
ホルムアルデヒド　55

【ま行】

魔女の雑草　86
マメ科のファイトアレキシン　101
ミトコンドリア　14, 17, 21, 205
ムクナ　97
虫こぶ　81, 206
明反応　26
メドハギ　194
メバロン酸（MVA）経路　39
モノテルペン　40, 124, 143
モンシロチョウ　114

サリドマイド　60
酸化的リン酸化　21, 29, 203
サンショウ　106
シアナミド　97
シアノバクテリア　14, 21, 203
シアン配糖体　168
紫外線　15, 141, 153
ジギタリス　171
シキミ酸経路　44, 46
ジテルペン　41
ジベレリン　74
脂肪酸　42
ジメチルアリル二リン酸（DMPP）　39
ジャガイモ　164
ジャスモン酸　83, 124
就眠運動　194
シュウ酸カルシウム　178
ショウガ　107
ショクダイオオコンニャク　144
植物細胞　89
植物ホルモン　62
真核細胞　14
真核生物　204
伸長成長　75
水酸基　52, 204
スイセン　162
錐体細胞　149
ステビア　146
ステロイド　40
ステロイドアルカロイド　49, 164
ステロイドサポニン　54
ストライガ　86, 122
ストリゴラクトン　86, 122
ゼアチン　69
セイタカアワダチソウ　95
成長　62
西洋アサガオ　130
セスキテルペン　40
摂食阻害物質　103
ソテツ　184

【た行】

他感作用（アレロパシー）　94
タキソール　49
脱分化　70 , 205
蓼食う虫も好きずき　112
ダナイドン　189
種なしブドウ　77
タバコ　115, 180
タバコスズメガ　115
単為結実　76
炭素循環　30
地下鉄サリン事件　168
窒素固定　117
頂芽優勢　67
チリカブリダニ　114
ツツジ　173
ツユクサ　128
テルペノイド　38
天敵　113
トウアズキ　173
トウガラシ　106
トウゴマ　172
動物細胞　89
トウモロコシ　115
ドクウツギ　158
ドクゼリ　160
独立栄養生物　15, 205
トリカブト　49, 156
トリテルペン　40
トリテルペンサポニン　54
トロパンアルカロイド　167

オニグルミ　96
オプシンタンパク質　149
オレアンドリン　170

【か行】

外生菌根　120
カイネチン　68
化学進化　13, 202
花芽形成　77
カプサイシン　106
辛味　106
カリウムイオン　79, 195
カリヤコマユバチ　115
カルス　68
カルビン回路　28
枯葉作戦　66
カロテノイド　40, 134, 142
乾燥障害　79
カンゾウ　147
桿体細胞　149
カンナビノイド　176
カンプトテシン　49
甘味　145
気孔　78, 202
寄生植物　122
寄生バチ　114
キニーネ　50
忌避物質　103
キャベツ　114
救荒植物　162, 184
休眠打破　76
休眠の誘導　78
強心配糖体　170
共生　21
鏡像異性体　20, 58
キョウチクトウ　169
キンギョソウ　144
菌根菌　120
ギンネム　97
クエン酸回路（TCA 回路）　21, 203
屈光性　64
クマリン　45
クラーレ　165
グラヤノトキシン　173
クリプトクロム　32
クルクミン　140
ケイヒアルデヒド　45, 56
ゲラニルゲラニル二リン酸（GGPP）
39
ゲラニル二リン酸（GPP）　39
原核細胞　14
幻覚作用　176
原核生物　203
香気成分　143
好気的呼吸　21
光合成　14, 16, 25
光合成独立栄養生物　15
孔辺細胞　79
コカイン　168
コショウ　106
コナガコマユバチ　115
コピグメンテーション　129
五味　106, 145
コミカンソウ　194
コンニャク　178
コンメリニン　128
根粒バクテリア　117

【さ行】

サイカシン　185
サイトカイニン　68
細胞壁　89
酢酸 - マロン酸経路　42, 46
殺虫物質　103

索引

【0～9、A～Z】
2,4- ジクロロフェンキシ酢酸（2,4-D） 66
2色型色覚 152
3色型色覚 151
4色型色覚 151
C- トキシフェリン 166
d- ツボクラリン 166
DNA 201
FDA（アメリカ食品医薬品局） 61
L- アミノ酸 19
LD50 104
NADPH 201
RNA 201
UV-A, B, C 153

【あ行】
アーバスキュラー菌根菌 121
青いカーネーション 133
青いバラ 132
アオムシコマユバチ 114
アグリコン 52
アゲハチョウ 109
アコニチン 49, 158
アサ 175
アサギマダラ 109, 188
アザジラクチン 104
アジサイ 132
アスタキサンチン 135
アセビ 173
アデノシン三リン酸（ATP） 21, 35, 201
アブシジン酸 78
アブラナ科のファイトアレキシン 102
アマチャ 147
アリルイソチオシアネート 108
アルカロイド 48
アレロパシー（他感作用） 94
アワヨトウ 115
アントシアニジン 131
アントシアニン 53, 129
暗反応 26
イソペンテニル二リン酸（IPP） 39
一次代謝 35
イネ 74, 97
イネ馬鹿苗病菌 74
イポメアマロン 100
イラクサ 177
インドール酢酸（IAA） 65
ウミウシ 23
ウリハムシ 112
液胞 90, 202
エチレン 71, 124
エナンチオマー 20, 58
エリシア・クロロティカ 23
エリシター 102
オーキシン 64
オジギソウ 191
オゾン層 15, 141, 153

著者紹介
黒柳正典（くろやなぎ・まさのり）
専門は生薬学、天然物有機化学、有機立体化学。
1968年、静岡県立静岡薬科大学（現：静岡県立大学薬学部）修士課程修了。1968年、国立衛生試験所（現：国立医薬品食品衛生研究所）研究員。1978年、薬学博士学位取得（東京大学）。1978年、静岡県立大学薬学部教員。1982年、米国コロンビア大学留学。1998年、広島県立大学生命資源学部（現：県立広島大学生命環境学部）教授。2009年同大学名誉教授。2012年より、静岡県立大学客員教授。
『健康・機能性食品の基原植物事典』（中央法規、2016年）を分担執筆。

植物　奇跡の化学工場

光合成、菌との共生から有毒物質まで

2018年 3 月20日　初版発行
2020年10月21日　2刷発行

著者　黒柳正典
発行者　土井二郎
発行所　築地書館株式会社
〒104-0045
東京都中央区築地7-4-4-201
☎ 03-3542-3731　FAX 03-3541-5799
http://www.tsukiji-shokan.co.jp/
振替 00110-5-19057
印刷・製本　シナノ出版印刷株式会社
装丁　吉野　愛

 ISBN 978-4-8067-1554-2

くわしい内容はホームページで。URL=http://www.tsukiji-shokan.co.jp/

●築地書館の本

◎総合図書目録進呈。ご請求は左記宛先まで。
〒一〇四―〇〇四五　東京都中央区築地七―四―四―二〇一　築地書館営業部
《価格（税別）・刷数は、二〇一八年二月現在のものです》

土と内臓　微生物がつくる世界

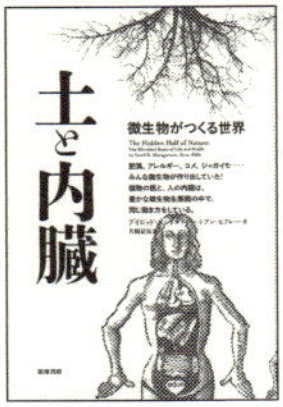

デイビッド・モントゴメリー＋アン・ビクレー［著］
片岡 夏実［訳］　二七〇〇円＋税　◎七刷

農地と私たちの内臓にすむ微生物への、医学、農学による無差別攻撃の正当性を疑い、地質学者と生物学者が微生物研究と人間の歴史を振り返る。微生物理解によって、たべもの、医療、私たち自身の体への見方が変わる本。

生物界をつくった微生物

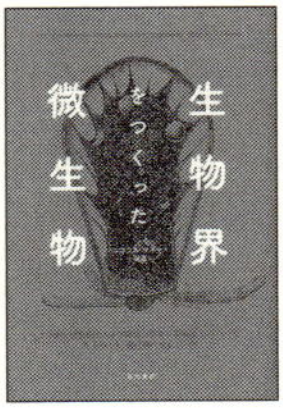

ニコラス・マネー［著］　小川真［訳］
二四〇〇円＋税　◎四刷

単細胞の原核生物や藻類、菌類、バクテリア、古細菌、ウイルスなど、その際立った働きを紹介しながら、我々を驚くべき生物の世界へ導く。肉眼では見えない小さな生物の大きな世界へ、想像の翼をひろげよう。

雑草は軽やかに進化する
染色体・形態変化から読み解く雑草の多様性

藤島弘純［著］　二四〇〇円＋税

人がつくり出す空間で生きることを選択した雑草たちの生存戦略は？　花・葉・種子などの形態的変化や染色体数の変異をたんねんに読み解き、地理的・生態的分布から、雑草たちの進化の謎に迫る。

植物園で樹に登る
育成管理人の生きもの日誌

二階堂太郎［著］　一六〇〇円＋税

国立科学博物館筑波実験植物園の植物管理を務める、植木職人であり樹木医、森林インストラクターの著者が、樹上から見た景色、梢で感じる三次元の風――樹木と対話する中で見つけた、植物の不思議でおもしろい世界。